빛깔있는 책들 102-2

꽃담

글, 사진 / 조정현

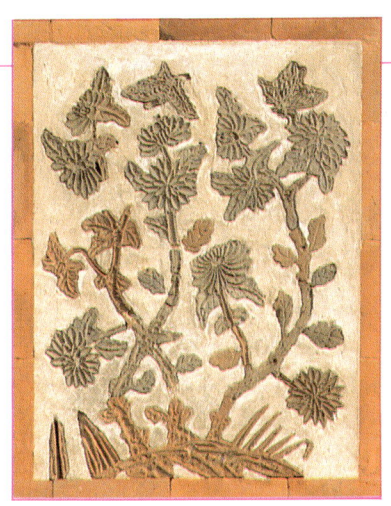

대원사

조정현 ——————

이화여자대학교 미술대학 생활미술과
와 동대학원을 졸업했다. 한국 공예가
회 회장, 한국 현대도예가회 국제분과
위원장을 역임했으며, 이화여자대학교
미술대학 도예과 교수로 있다.

빛깔있는 책들 102-2

꽃담

사진으로 보는 꽃담	6
꽃담의 기원	62
꽃담의 종류와 치장	69
꽃담의 무늬	84
꽃담의 구성	96
꽃담의 현대화	108
용어해설	115

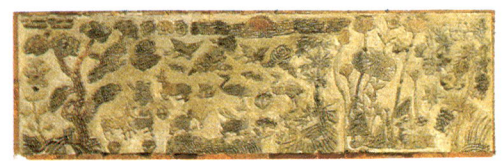

사진으로 보는 꽃담

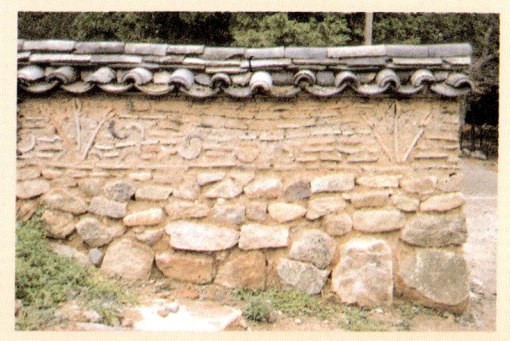

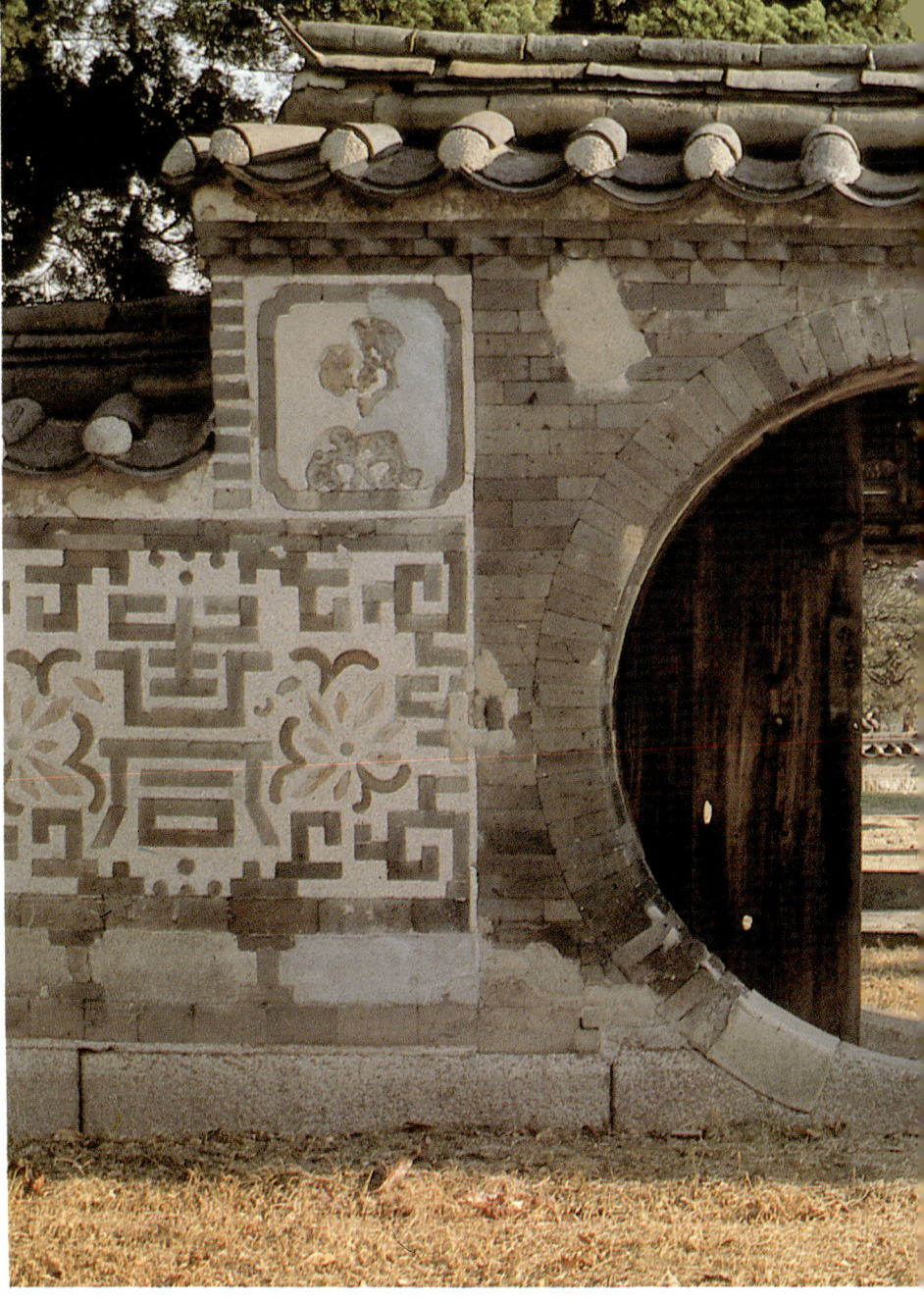

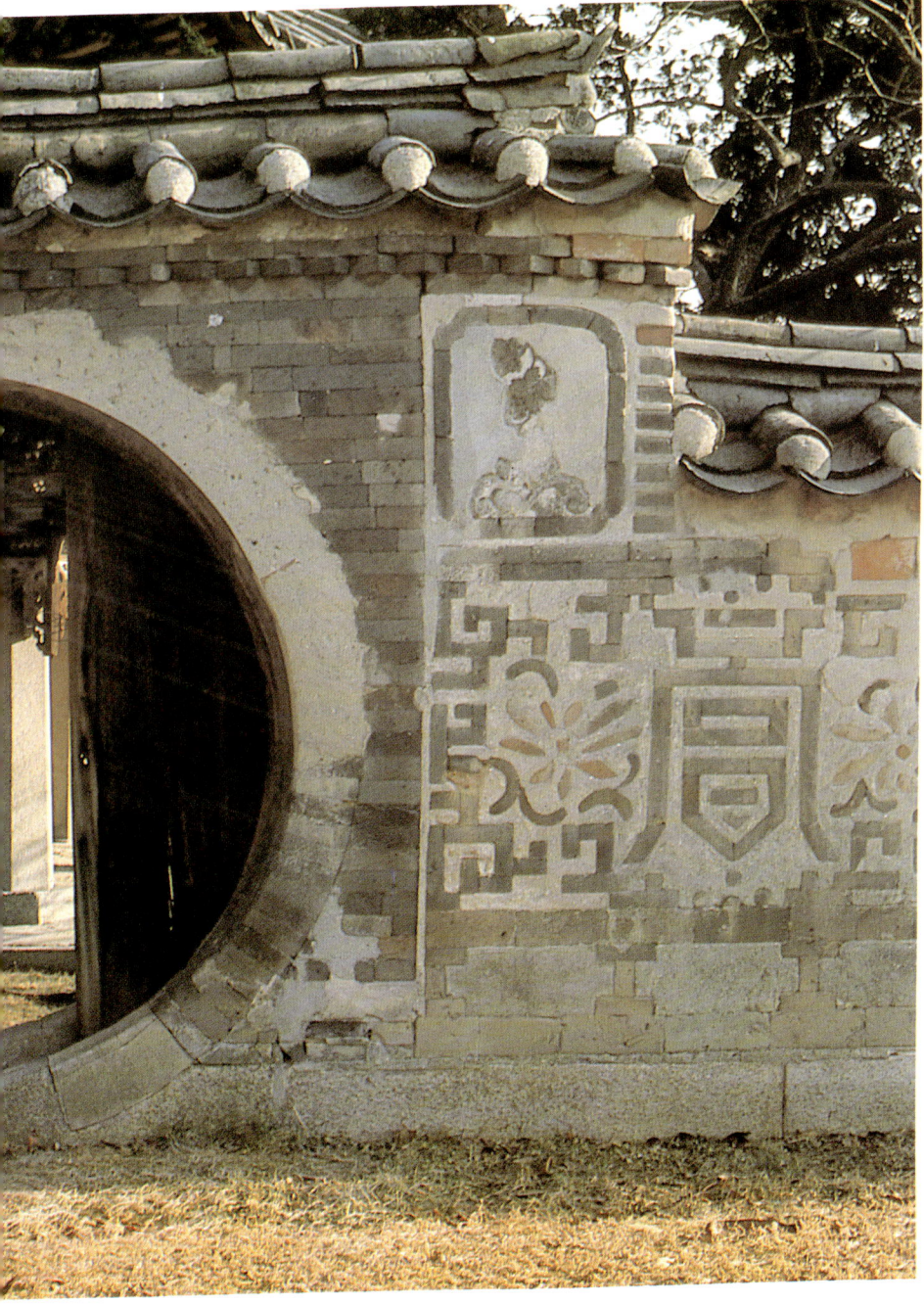

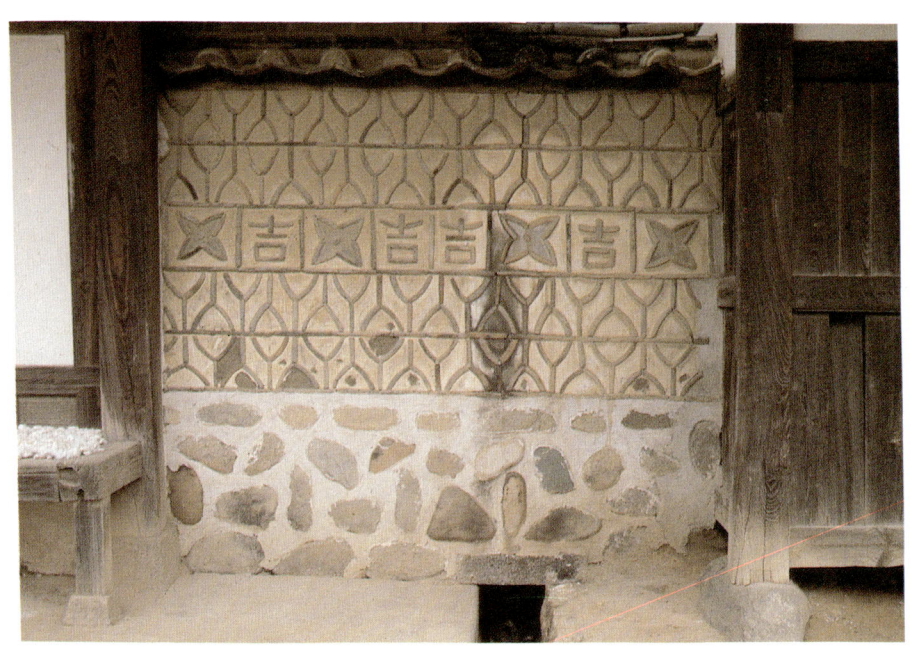

만월문과 꽃담 문지방은 화강석으로 하고 나머지는 전으로 돌렸다. 담의 좌우는 면회
법과 색전돌로 화려하게 꾸민 낙선재 후원의 만월문이다.(앞)

화방담 기둥과 기둥 사이에 영롱석처럼 돌을 쌓아 키를 높인 중방 위에 반반전으로
길상무늬를 구성하였다. 청도 운강 고택(古宅)의 화방담이다.(위)

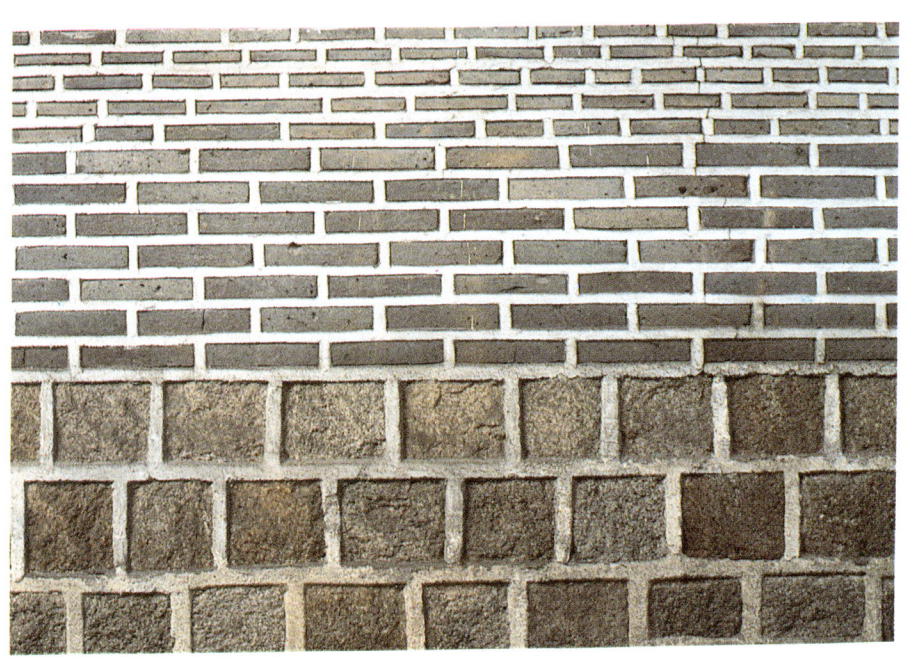

낙선재 행랑채의 화방담 벽체의 밑부분은 사고석으로 쌓고 위는 전돌로 쌓았다. 전돌이 위로 갈수록 운두가 낮아져 착시를 증폭시켜 준다.

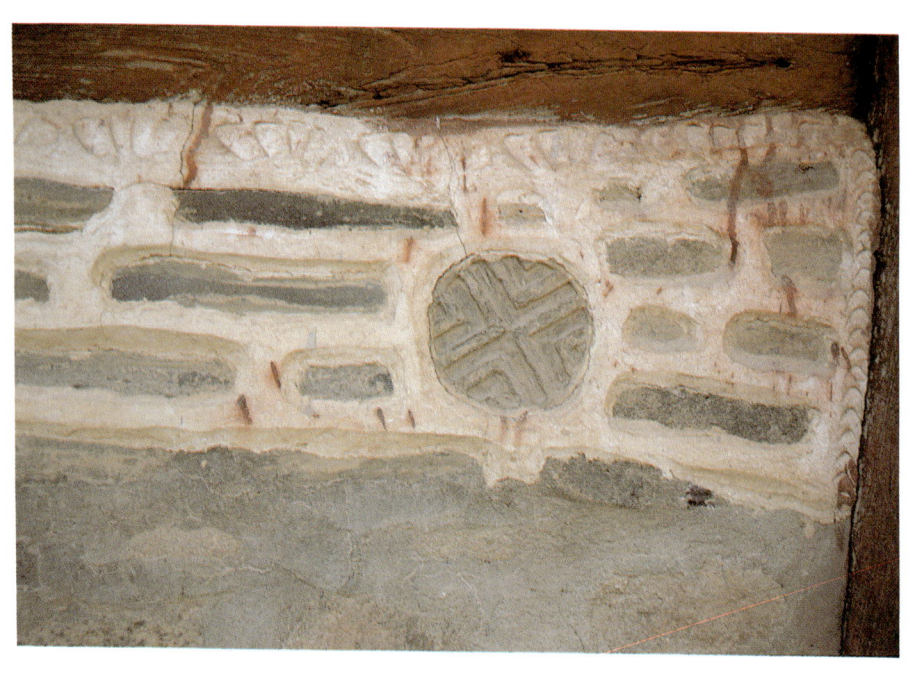

고맥이 기둥 아래에 하방을 높직하게 걸면 그 아래를 싸발라 막아야 한다. 이 부분을 고맥이라 하는데 이때 기왓조각과 흙으로 쌓고 돌을 깎아 끼웠다. 해인사 요사채의 부분.

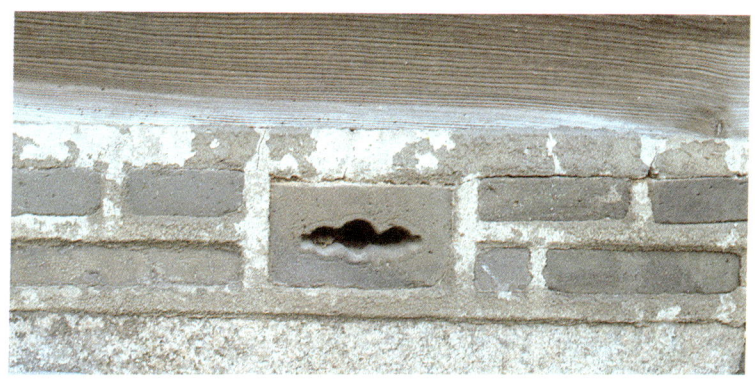

풍혈 낙선재 행랑의 마루 밑은 전돌로 쌓아 고맥이하였는데, 쌓는 중간에 따로 풍혈의
모양을 만들어 끼워 넣었다.

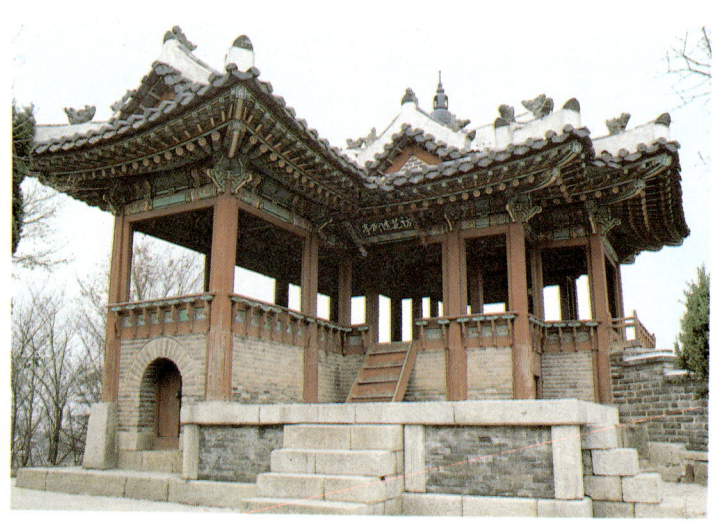

방화수류정 특히 전돌의 이용이 많은 수원성 방화수류정의 화방담이
다. 다락 밑의 기단부나 암문 등을 모두 전돌로 쌓았다.(왼쪽)
　　오른쪽 사진은 전돌로 쌓은 사이사이를 十자형으로 비워 삼화토로
바른 화방담이다. 성곽의 건물답지 않게 세심함을 보여주는 방화수
류정의 면모이다.

해남 대흥사 안담 담의 밑부분을 큰 돌로 쌓은 뒤 암키와의 직선과
수키와의 곡선을 이용하여 모양을 낸 소박한 담이다.(뒤)

12

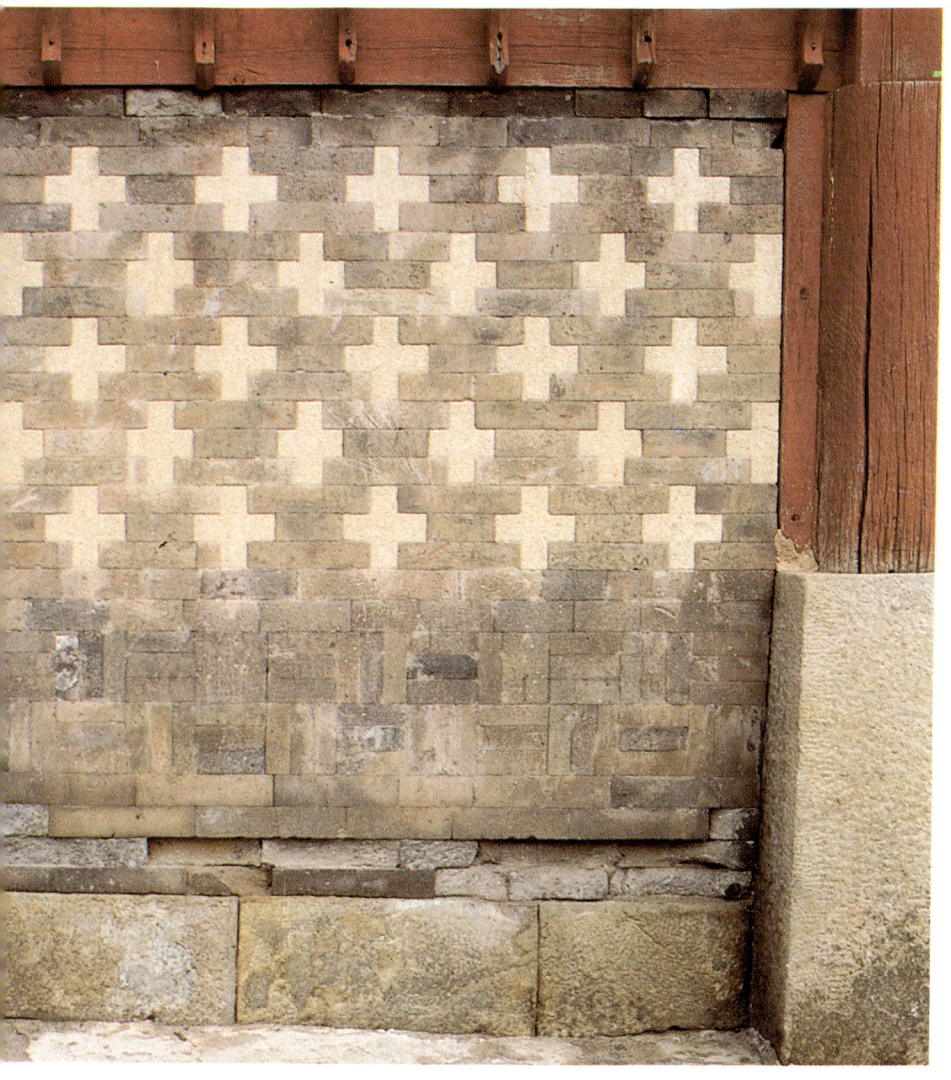

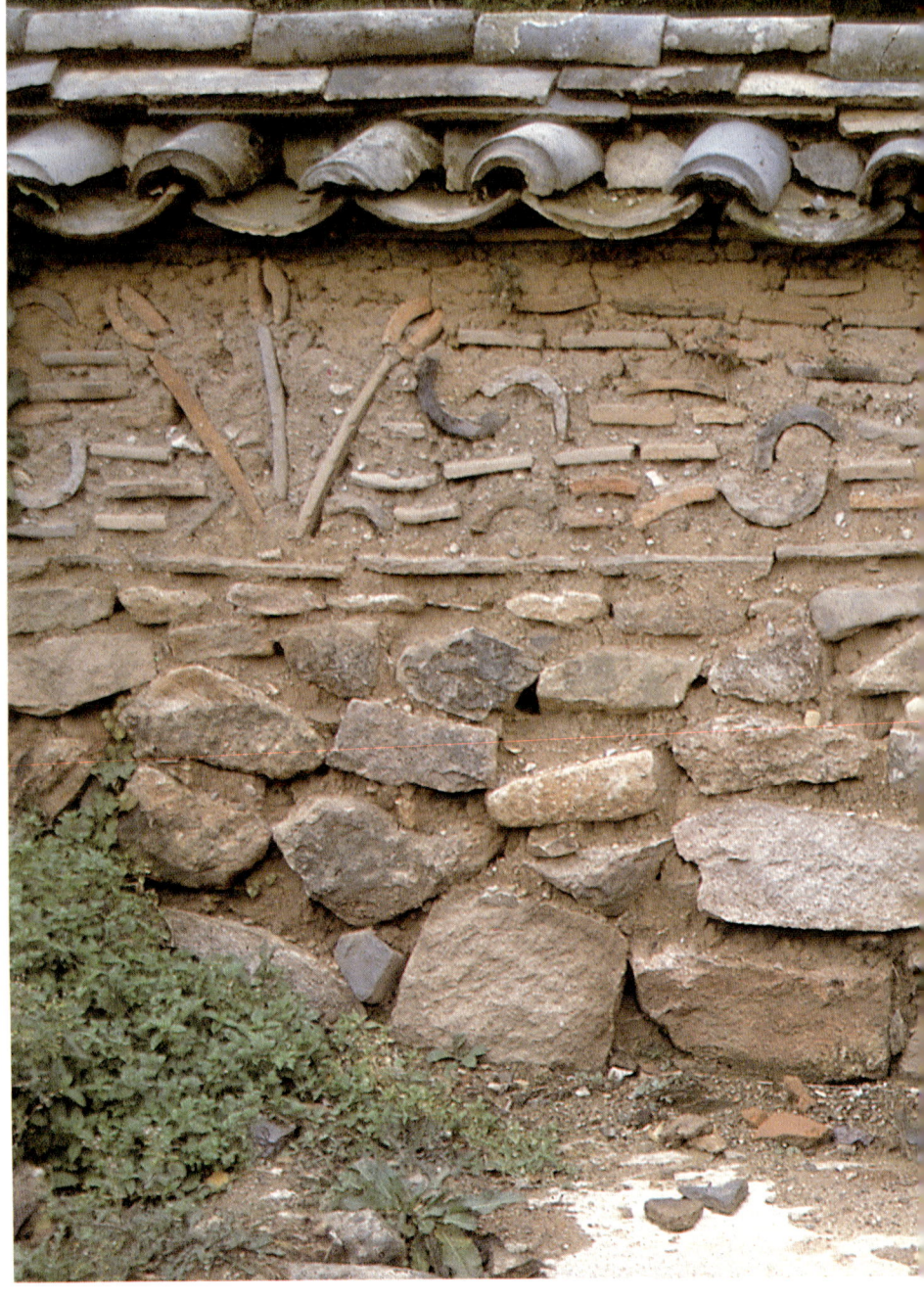

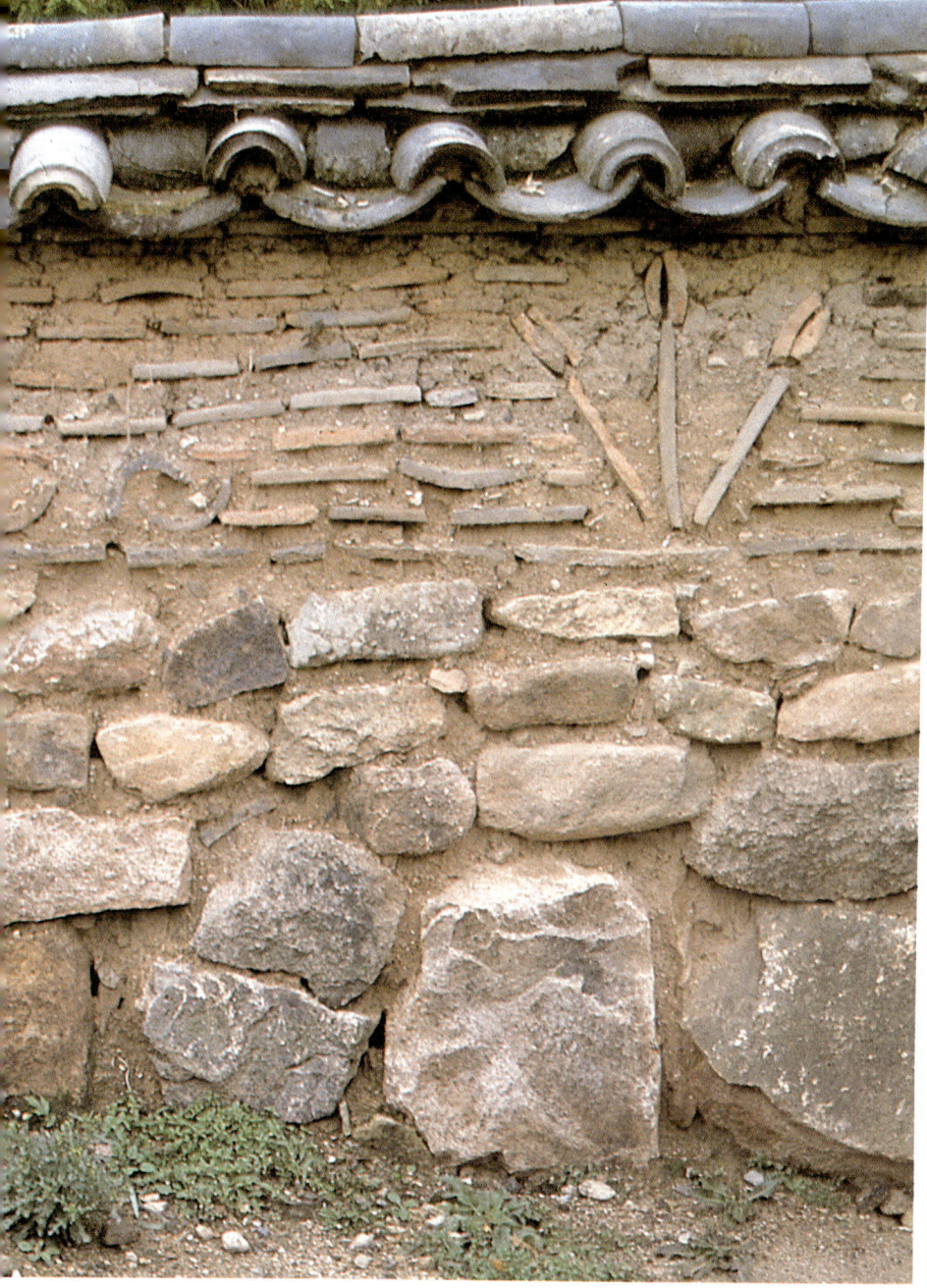

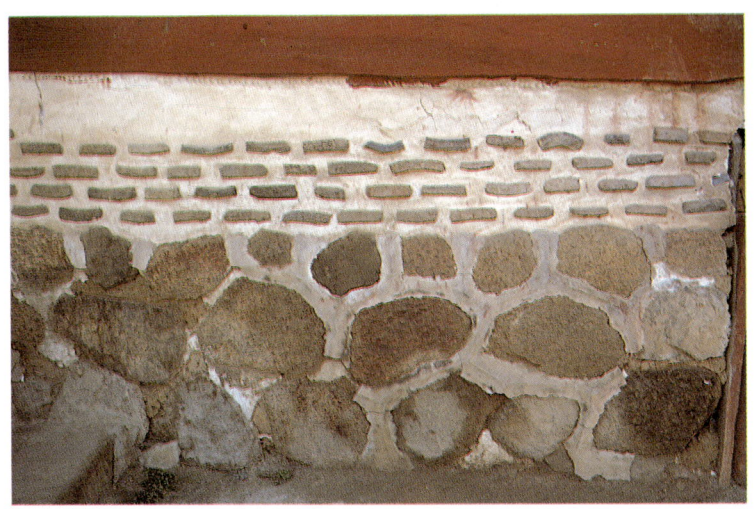

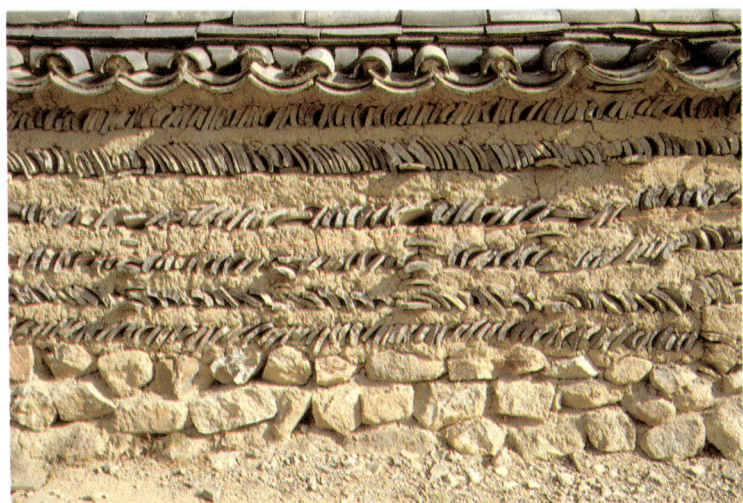

해인사 화방담 자연석을 밑에 쌓고 기와를 마치 점선무늬처럼 쌓아 올린 후 면회하여 무늬가 두드러져 보인다.(왼쪽 위)

해인사 토석담 흙 한 켜 쌓고, 기와 한 켜 쌓고…. 진솔한 토담이 이루어졌다.(왼쪽 아래)

토석담 경주 교동 이운장 씨 댁의 담이다. 아래 부분의 사각무늬와 담 중간의 마름모 무늬를 자연석으로 구획하여 변화를 꾀했다.(오른쪽)

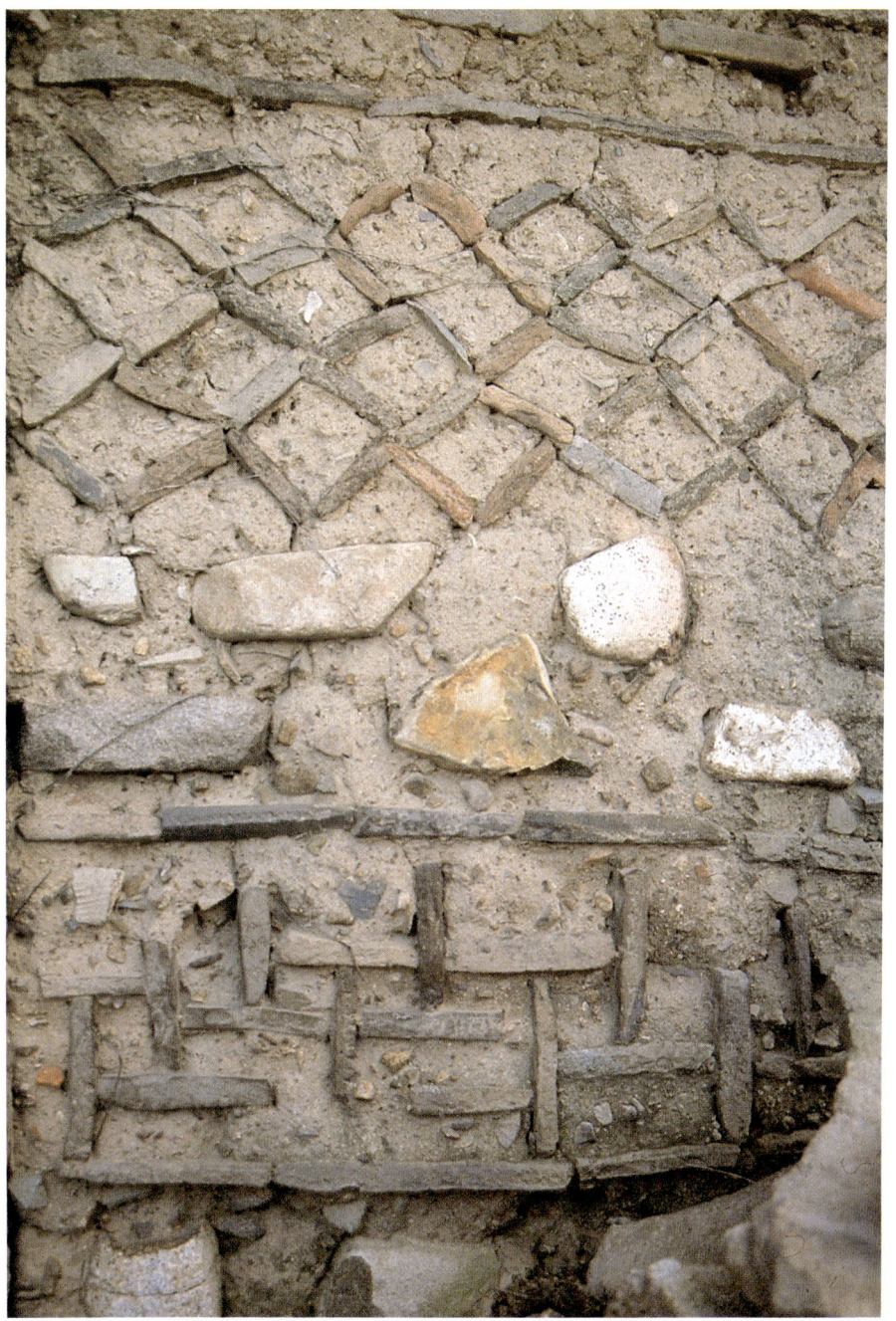

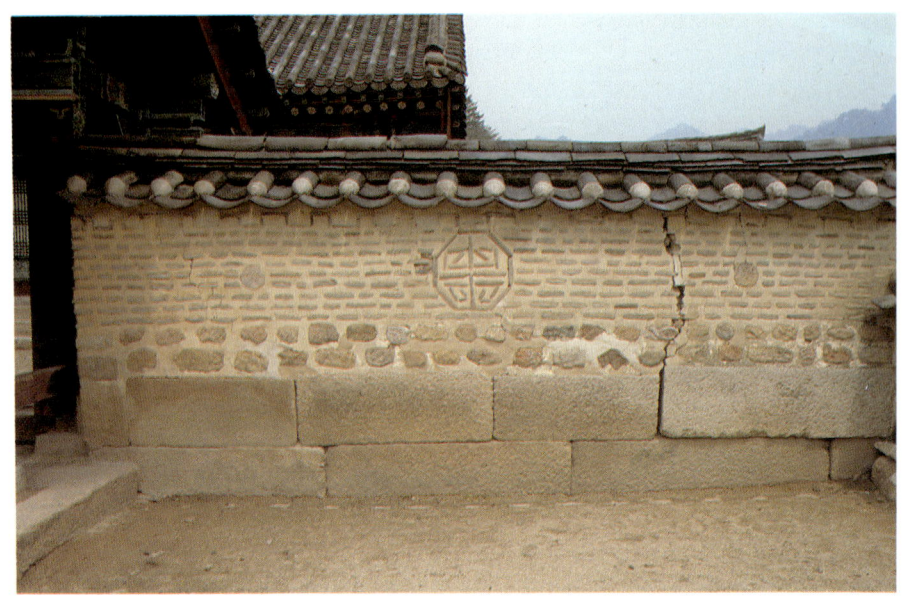

법주사 길상무늬 담 장대석으로 기단부를 다진 뒤 크기가 고른 돌을 2줄 쌓았다. 다시 그 위를 점선무늬처럼 기왓조각으로 쌓아 갔는데, 중간에 해와 달 그리고 수(壽)자를 새겼다.

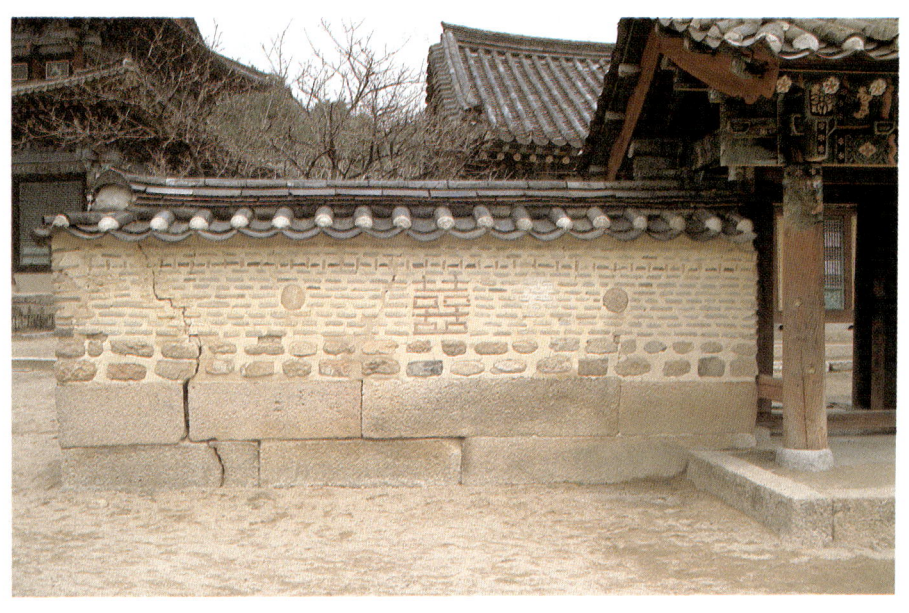

법주사의 길상무늬 담으로 왼쪽 사진과는 문을 중심으로 오른쪽에 위치한 담이다.
중간에 길상무늬의 희(囍)자와 해와 달을 새겼다.

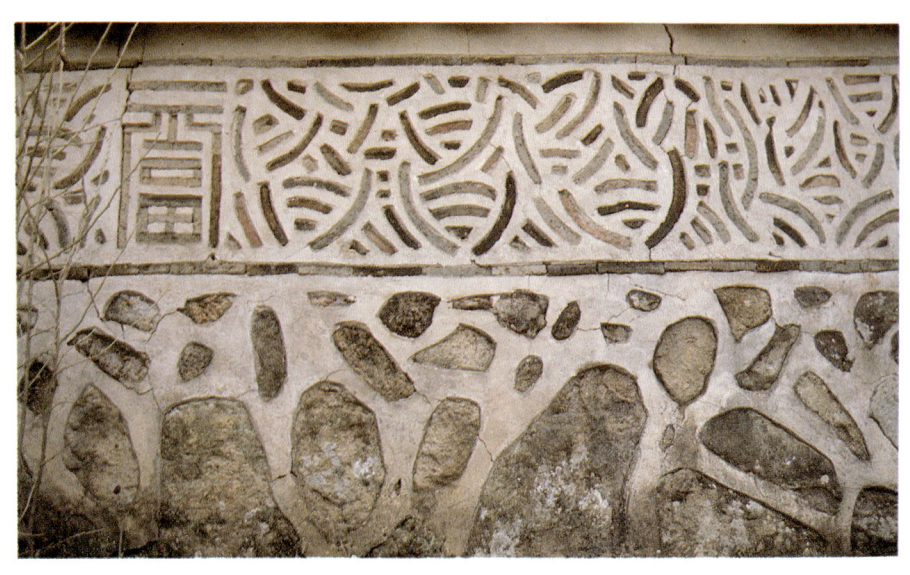

해남 대흥사의 외담 강가에 흔히 있는 돌을 크기에 따라 한 켜씩 쌓아 올리고 기와로
직선의 구획을 한 뒤, 부(富)자를 새긴 길상무늬의 담이다.(왼쪽)
낙산사 무늬담 황토와 기와로 켜를 이루어 쌓아 올리는 사이에 둥근 점선무늬로 일월
성신(日月星辰)을 나타냈다.(오른쪽)

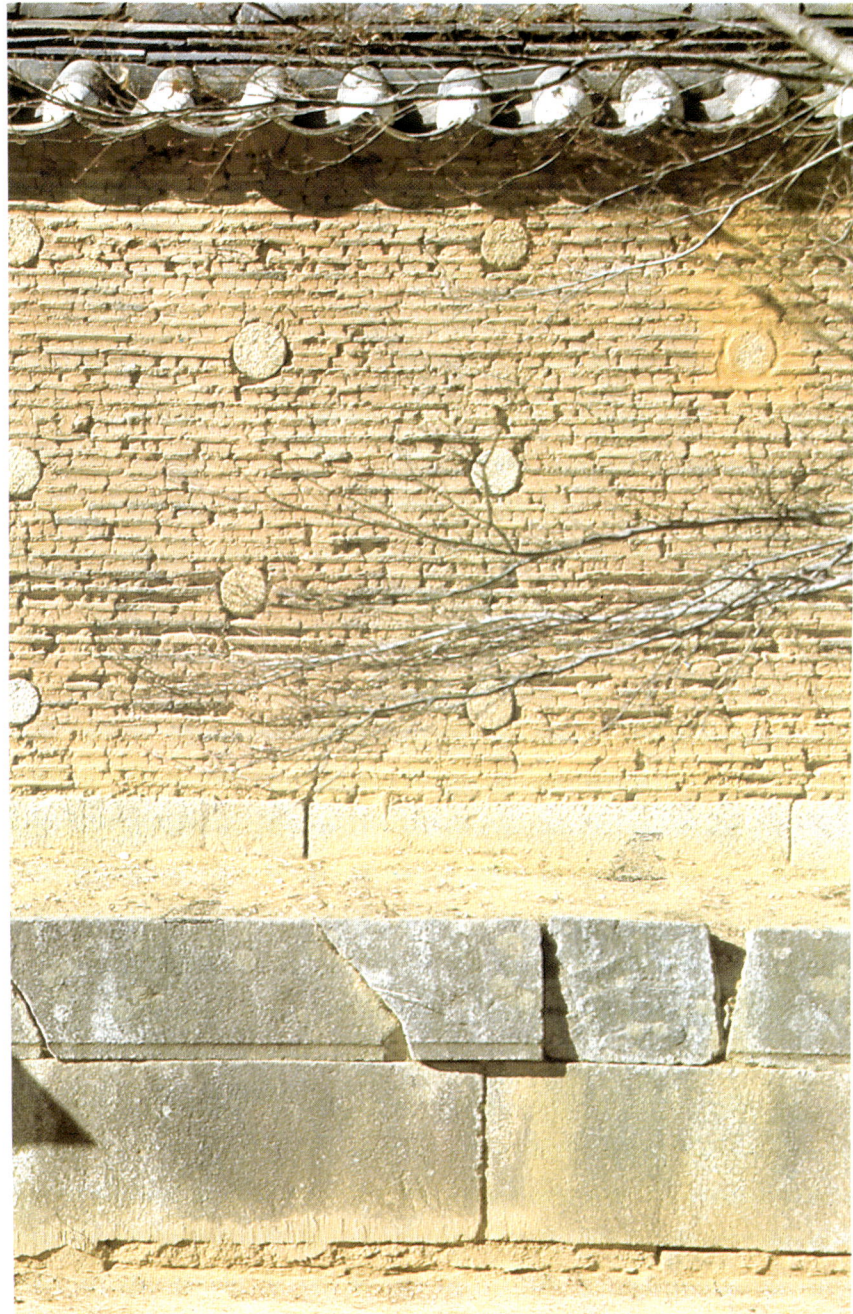

창경궁 낙선재 문을 중심으로 좌우에 수복강녕(壽福康寧)의 글자를 새겼다. 전돌과 화강석의 절도있는 대조는 궁궐의 일부인만큼 조화가 뛰어나다.(왼쪽)
덕수궁 덕홍전의 샛담 둘레를 뇌문으로 구획하고 전과 화장줄눈으로 긴자 무늬를 이루었다. 전돌과 화장줄눈이 서로 복합적인 문양의 느낌을 주게 된다.(오른쪽)

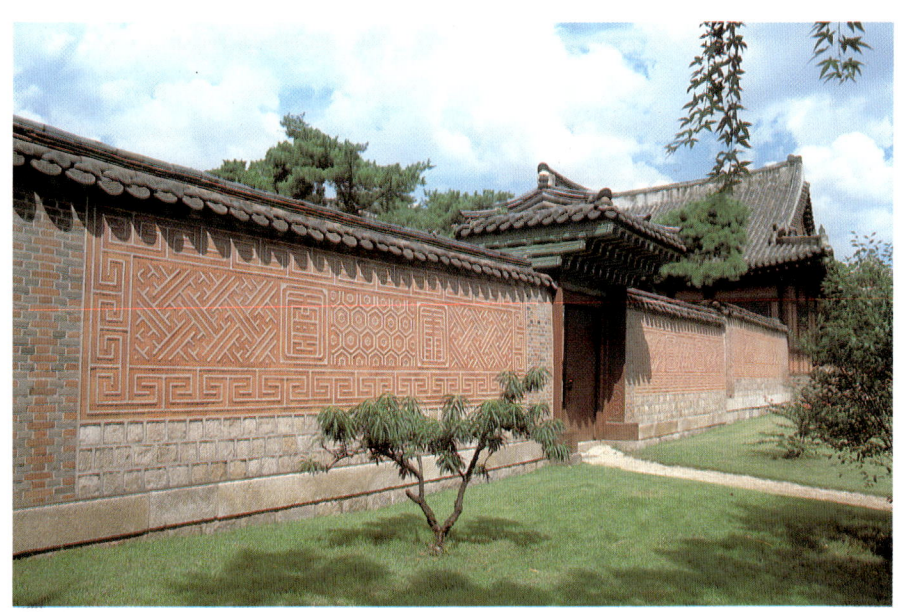

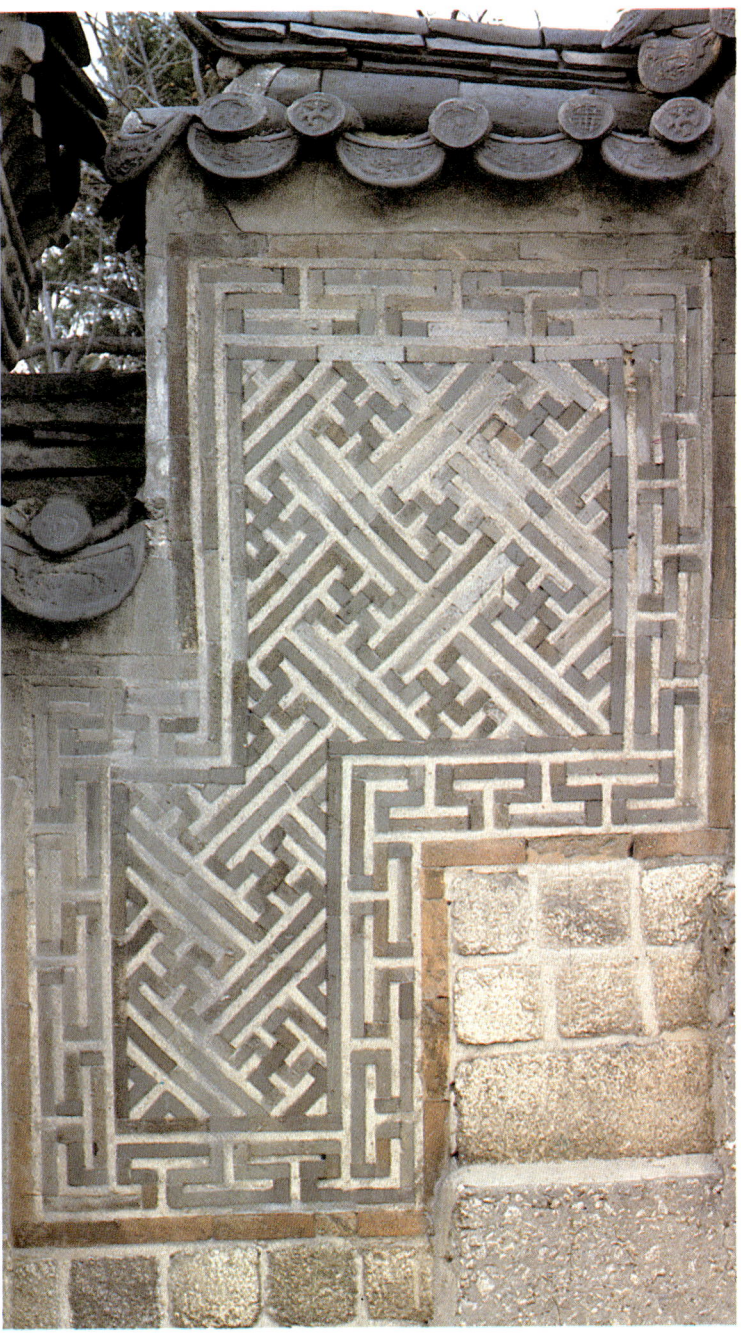

창덕궁 승화루의 담 궁궐의 꽃담답게 화려하고 치밀한 구성이다. 사고석과 직선, 곡선의 전돌에 의한 구성 그리고 담장 위의 기와 곡선까지 한데 어우러져 전체적인 미감을 높인다.

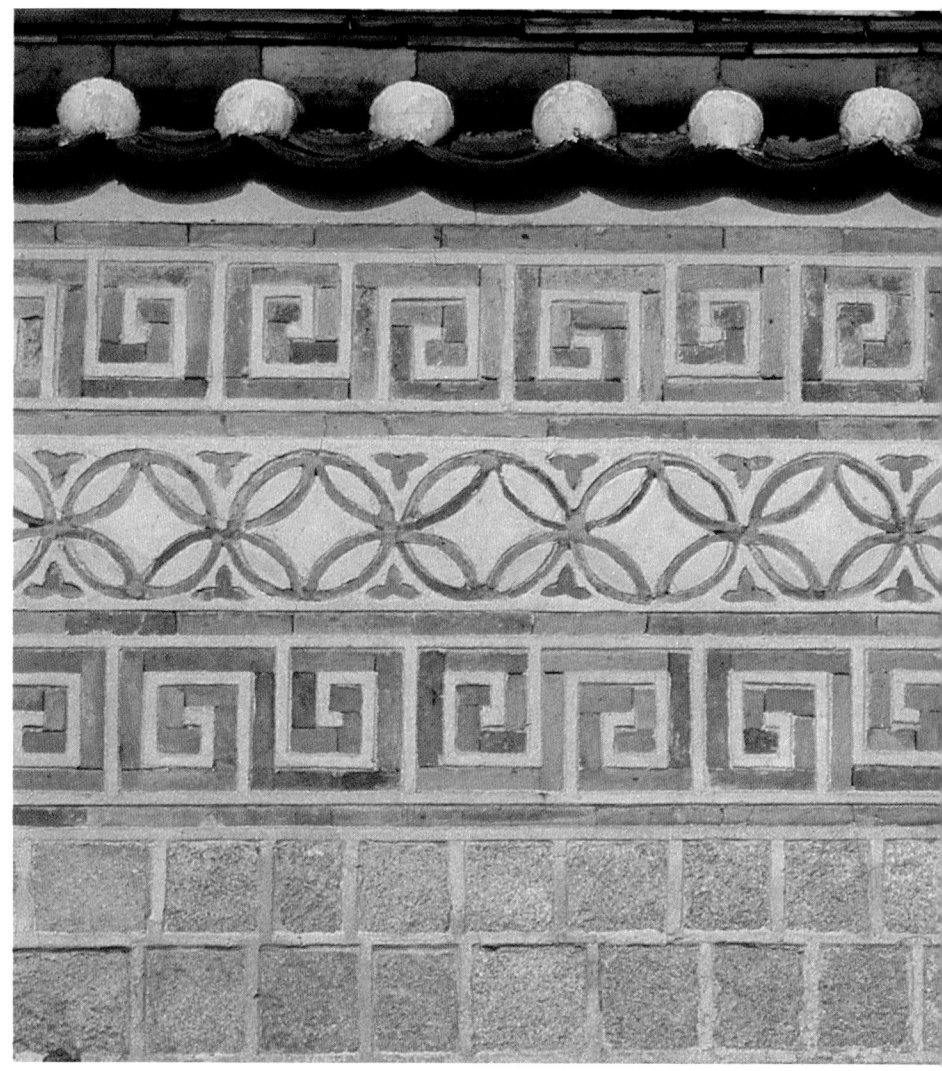

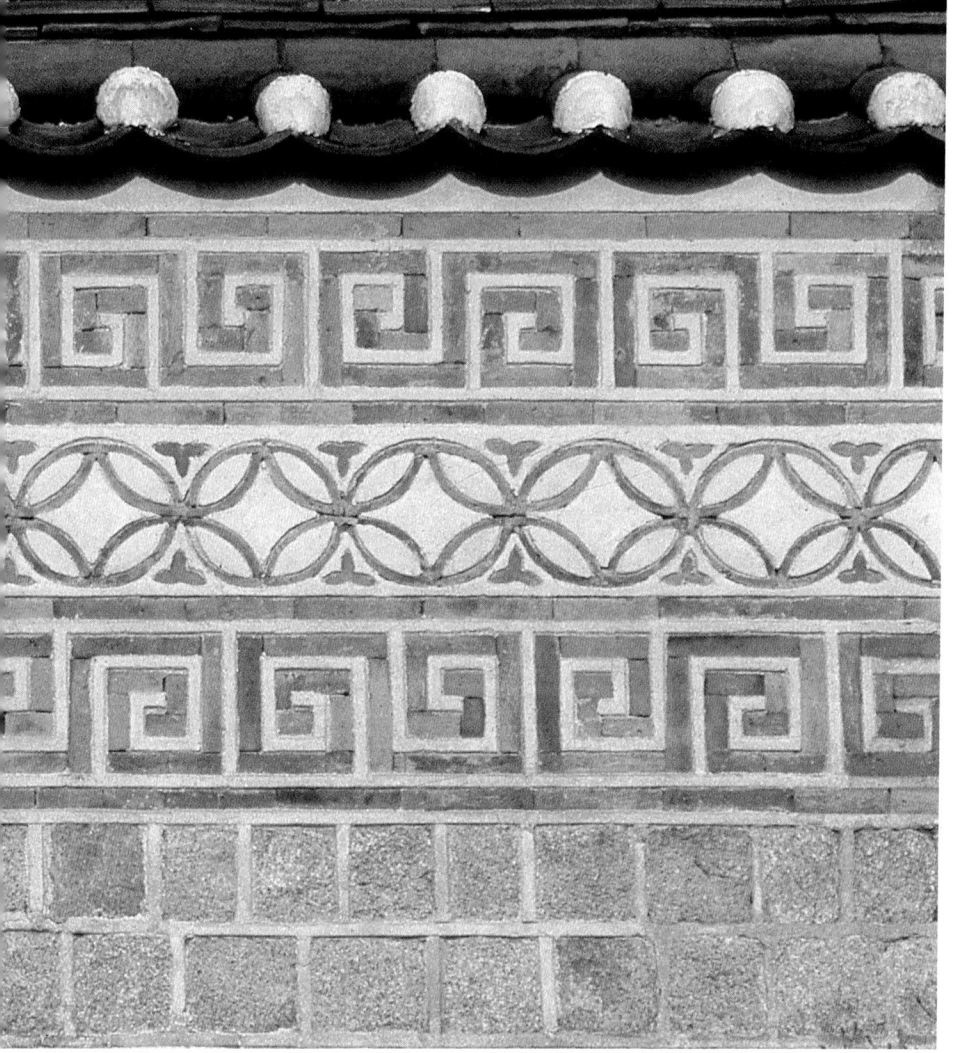

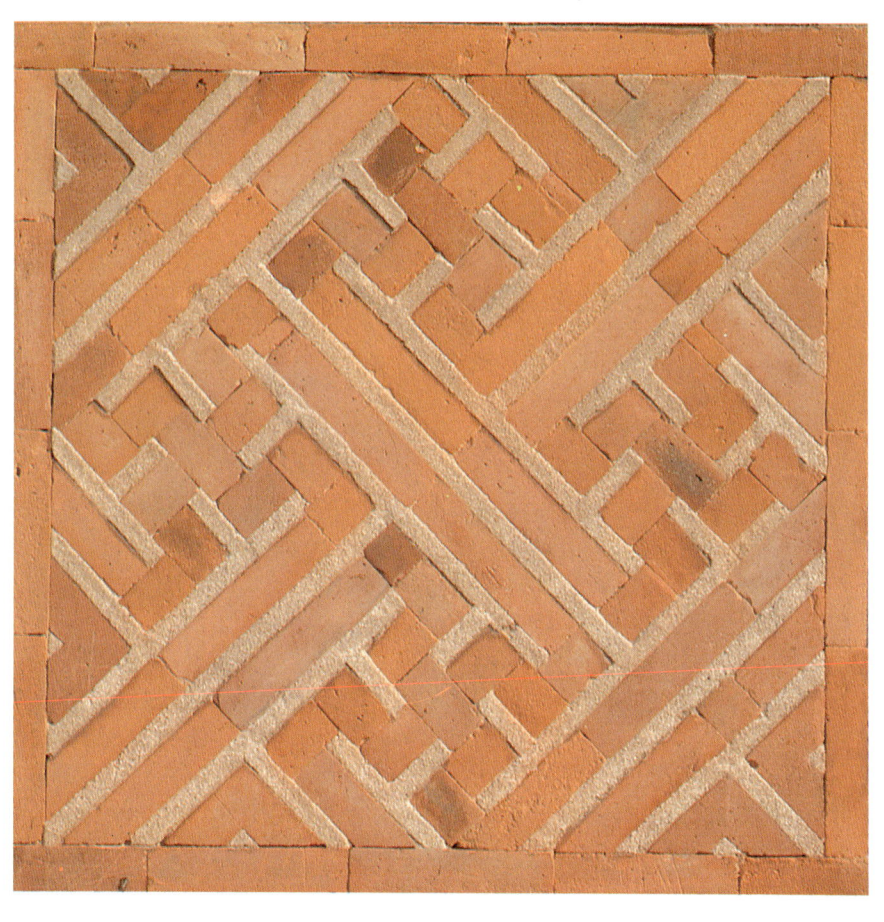

경복궁 자경전 서쪽 담의 문양　전과 화장줄눈의 비율이 2:1인 卍자 무늬인데 이러한
문양은 직선을 강조한 형태로 분류할 수 있다.

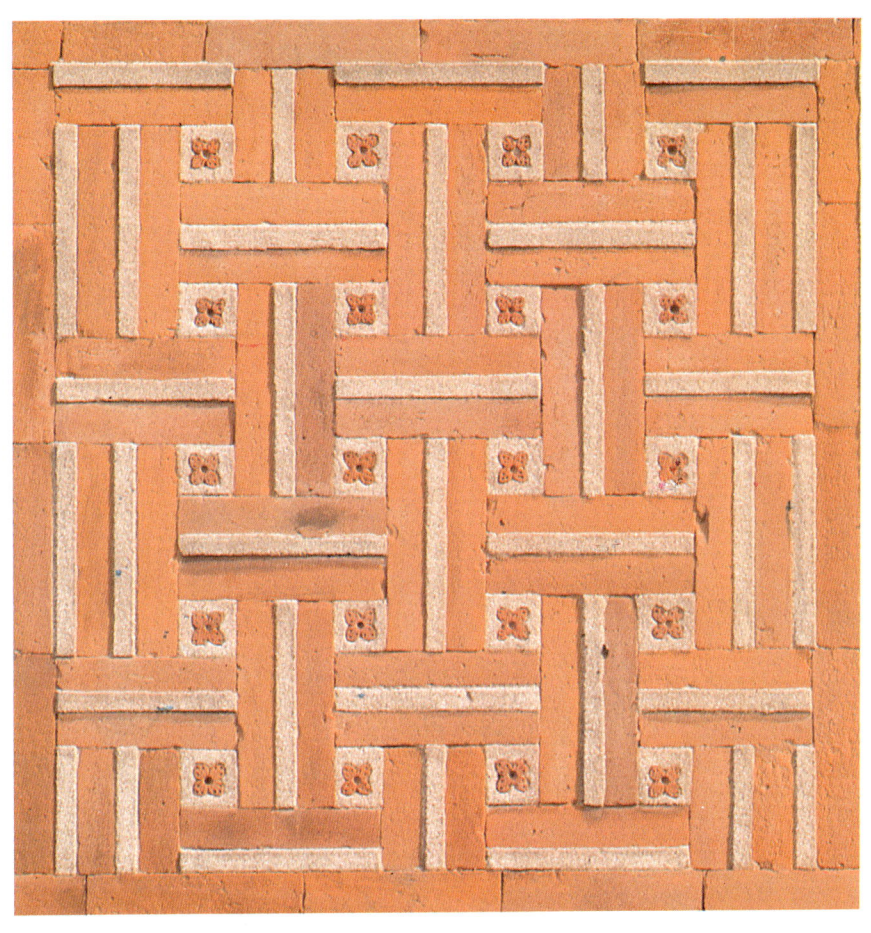

자경전 서쪽 담의 문양 부분이다. 전돌과 화장줄눈이 정확한 규격으로 배치되어 바구
니를 짠 모양과 같아졌다. 정사각형을 이루는 화장줄눈 사이에 꽃 형태의 전돌을
박아 넣어 점선무늬를 이루었다.

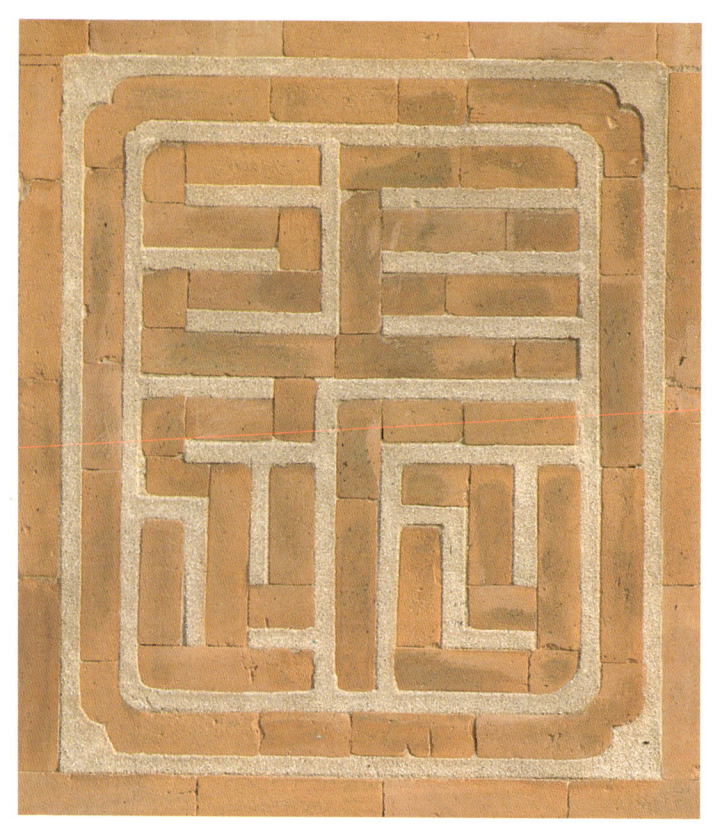

자경전 서쪽 담의 문자 긴 장(長)자로, 오래도록 부귀영화와 장수를 누리라는 뜻이
담겨 있다. 네 모서리의 처리로 보아 도안을 하여 구운 전돌로 구성하였음이 분명하
다.

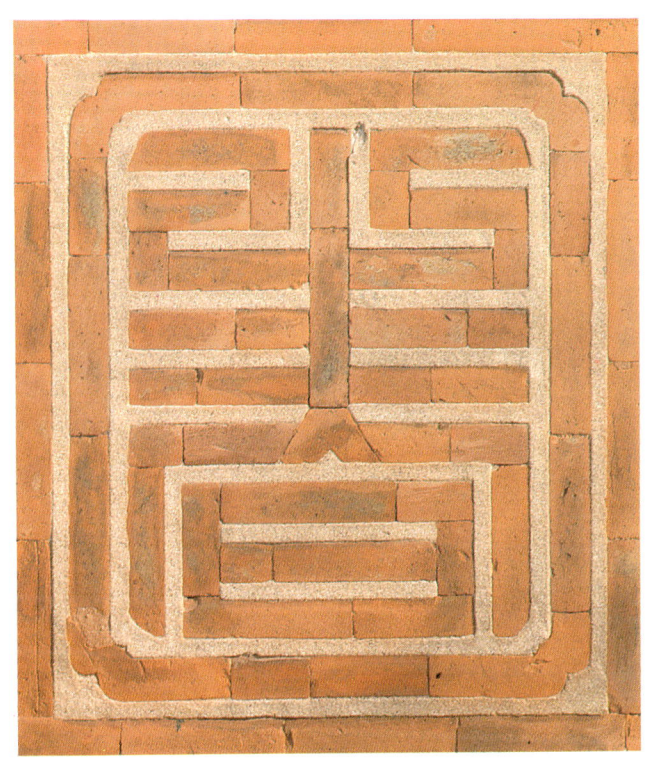

자경전 서쪽 담의 문자 봄 춘(春)자를 전돌로 놓은 것으로, 직선무늬가 주문양이 된다. 흰 바탕에 붉은 전돌이 두드러져 보인다.

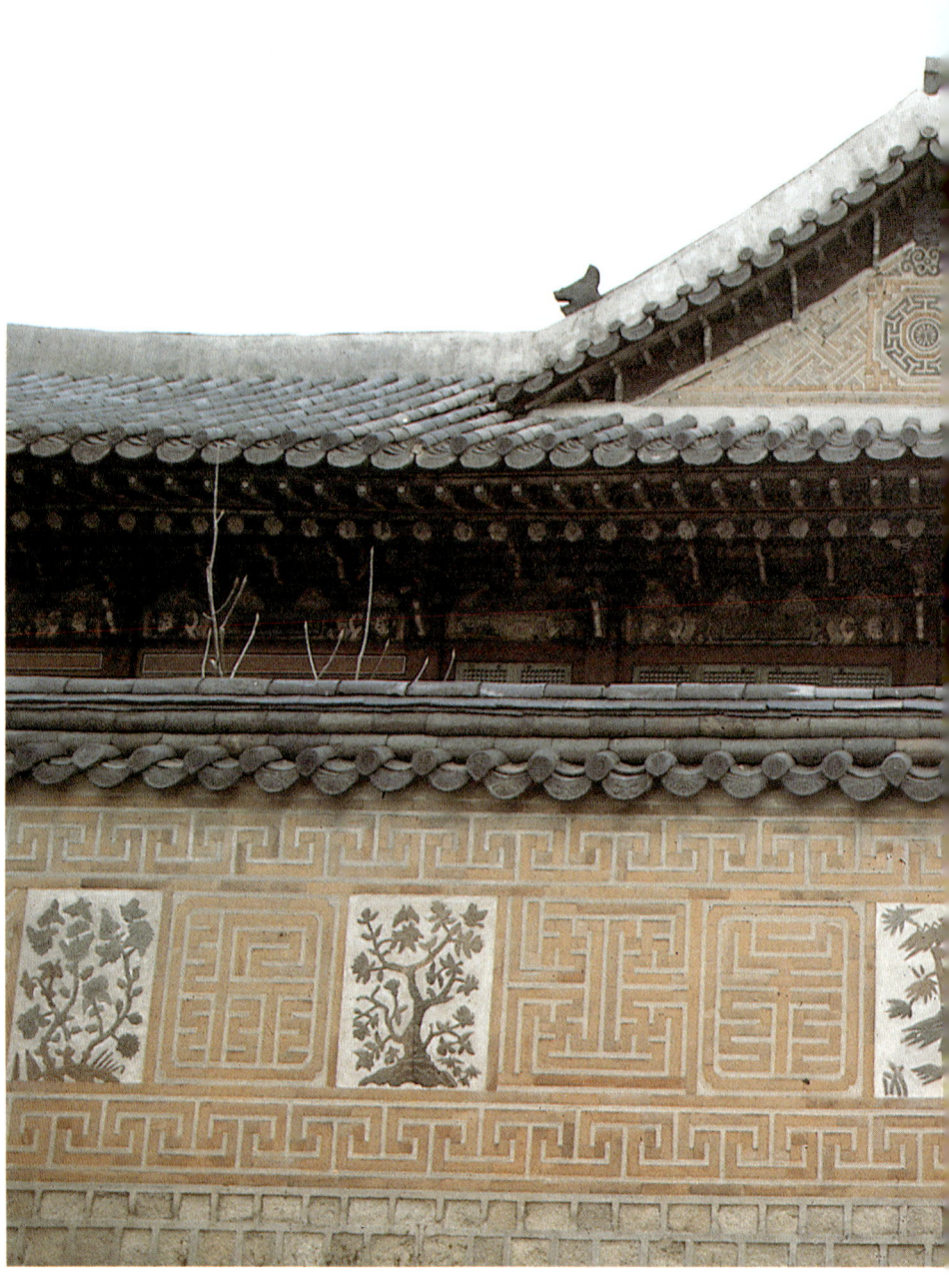

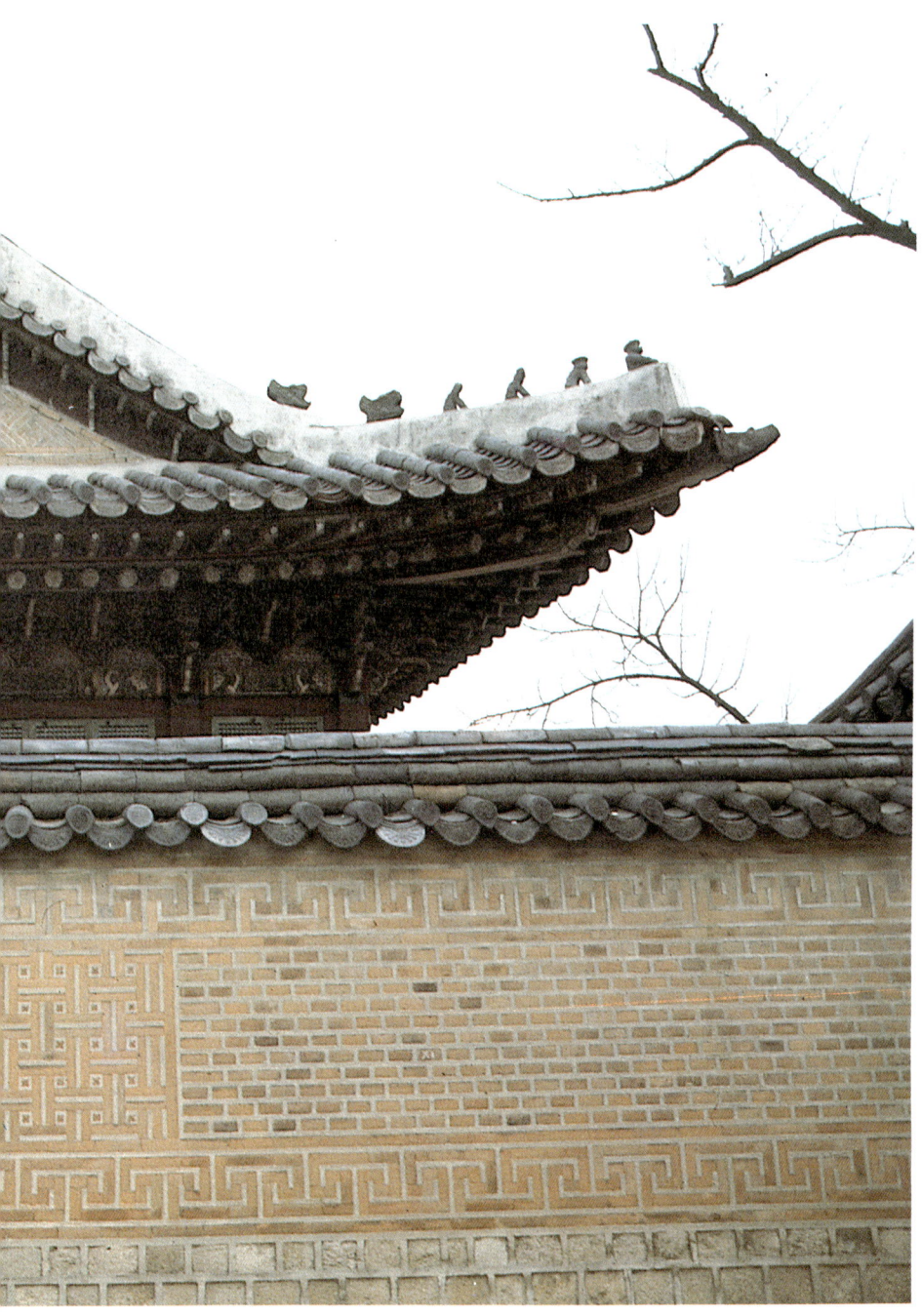

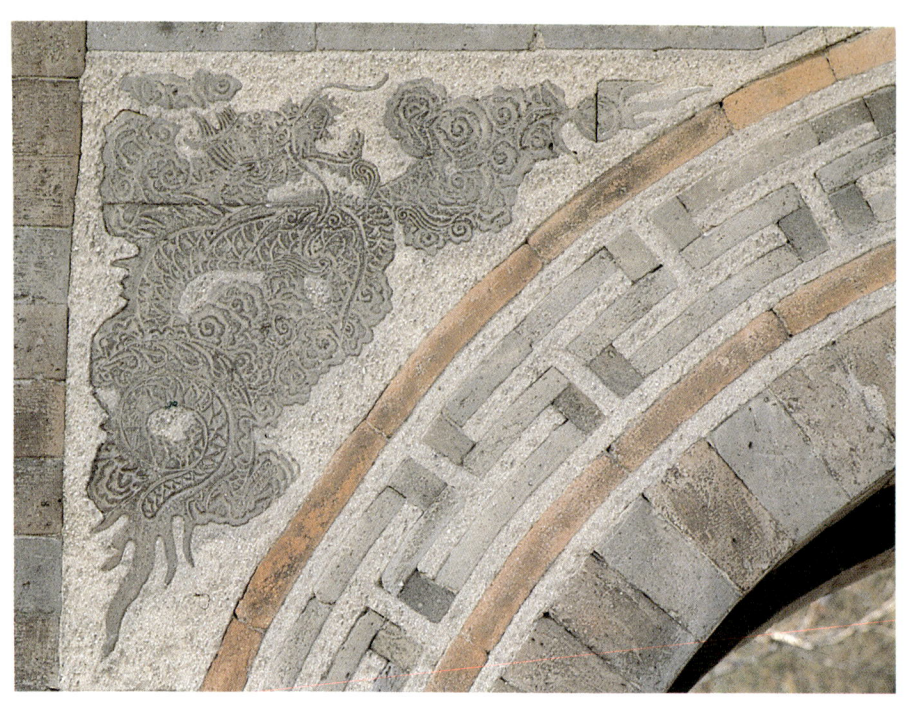

자경전 외담과 합각 전돌과 무늬판을 자유자재로 사용할 수 있었던 것은 궁실 건축물
이었다. 벽체와 합각부를 조화있는 색감과 무늬로 통일시켜 궁궐의 품위를 더해 주고
있다.(앞)

덕수궁 유현문 붉은 전으로 홍예 부분을 구획하고 홍예의 바깥 부분을 면회한 다음
구름과 어우러진 용의 무늬를 놓아 홍예의 의미를 강조하였다.(위)

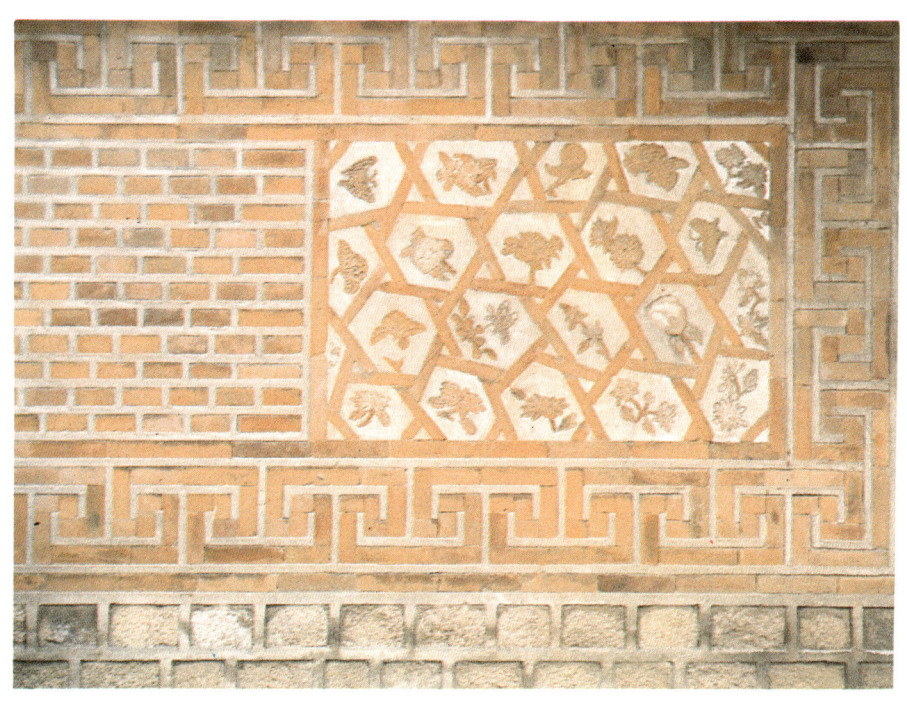

자경전 서쪽 담 뇌문으로 가장자리를 구획하고 전돌로 칸을 친 뒤 면회하였다. 육각의 칸마다 꽃과 나비가 있는 화려한 꽃담으로, 이곳이 여성이 거처하는 곳임을 암시하기도 한다.

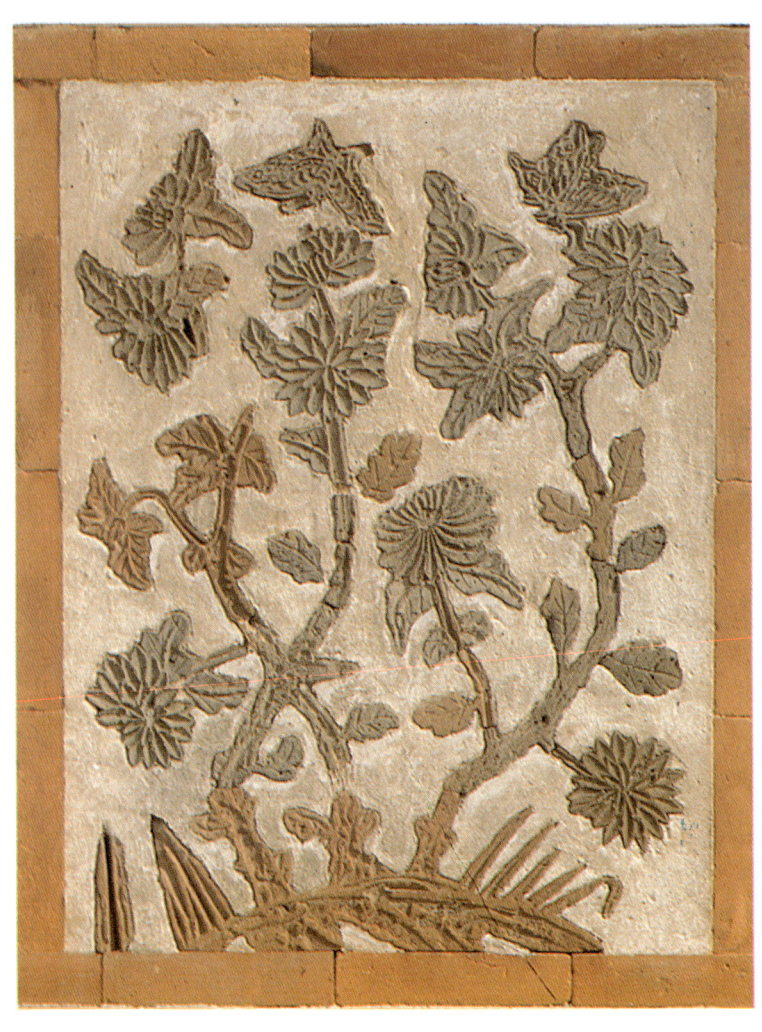

형상무늬 자경전 서쪽 담에는 붉은 전돌로 구획하여 내부를 면회한 뒤 부조로 따로이
전을 구워 모양을 표현한 무늬판이 많이 사용되었다. 국화와 나비를 표현한 무늬
부분

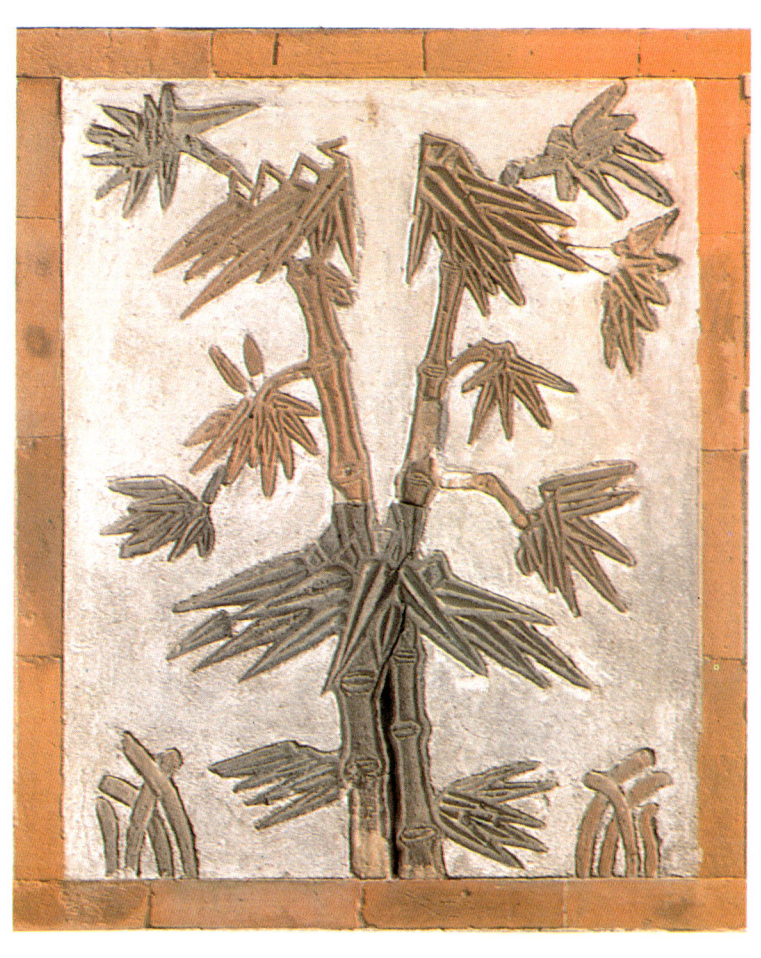

대나무 무늬 자경전의 담에 사용된 무늬 부분으로, 각각 몇 개의 부분으로 나누어
구운 전돌이 조합되어 왕죽의 기세를 생생하게 표현하고 있다.

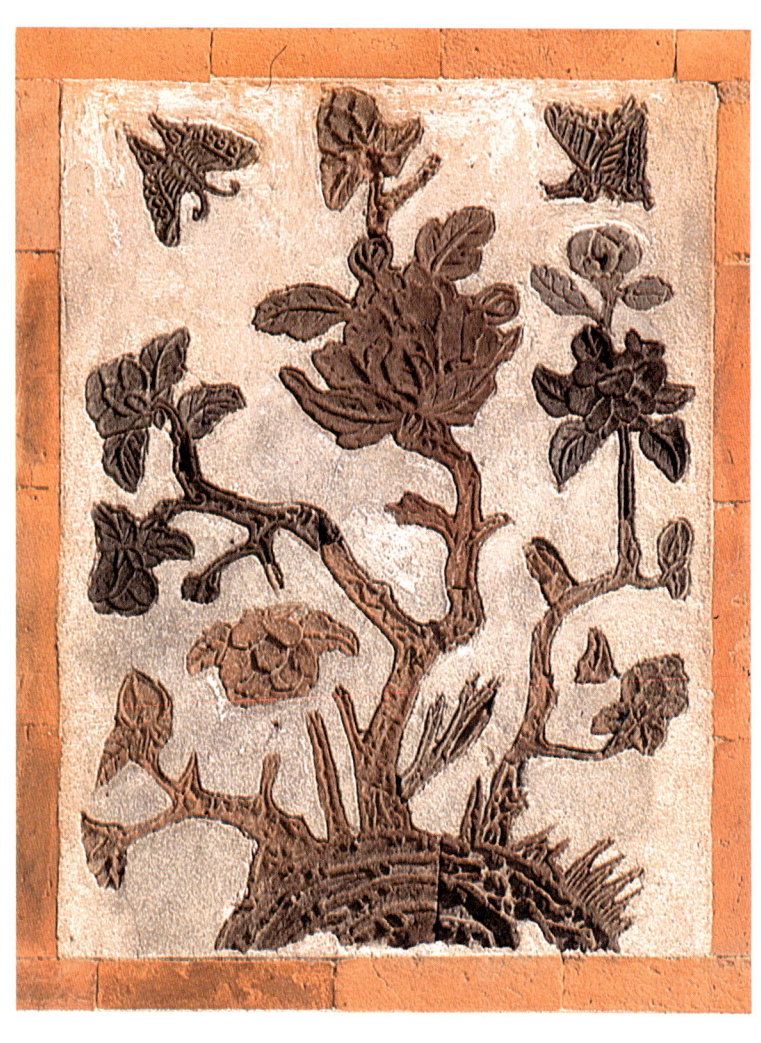

모란무늬 부분 꽃 중의 왕인 모란이 화면 가득히 퍼져 있고, 세 마리의 나비가 날아드는 표현이다. 경직되기 쉬운 부조에서 회화성을 살려 부드럽게 표현하였다.

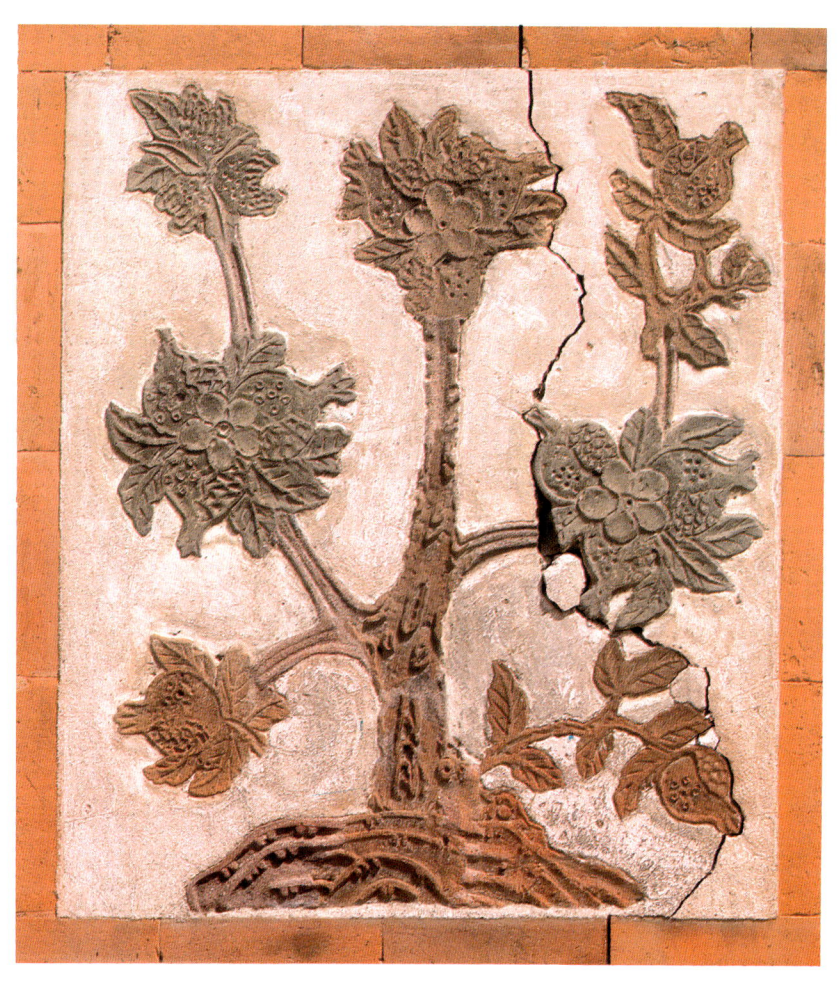

석류무늬 자경전 서쪽 담의 형상무늬 중 하나로, 석류나무가 지니고 있는 다산(多産)의 의미를 열매 부분의 확대를 통해 강조하였다.

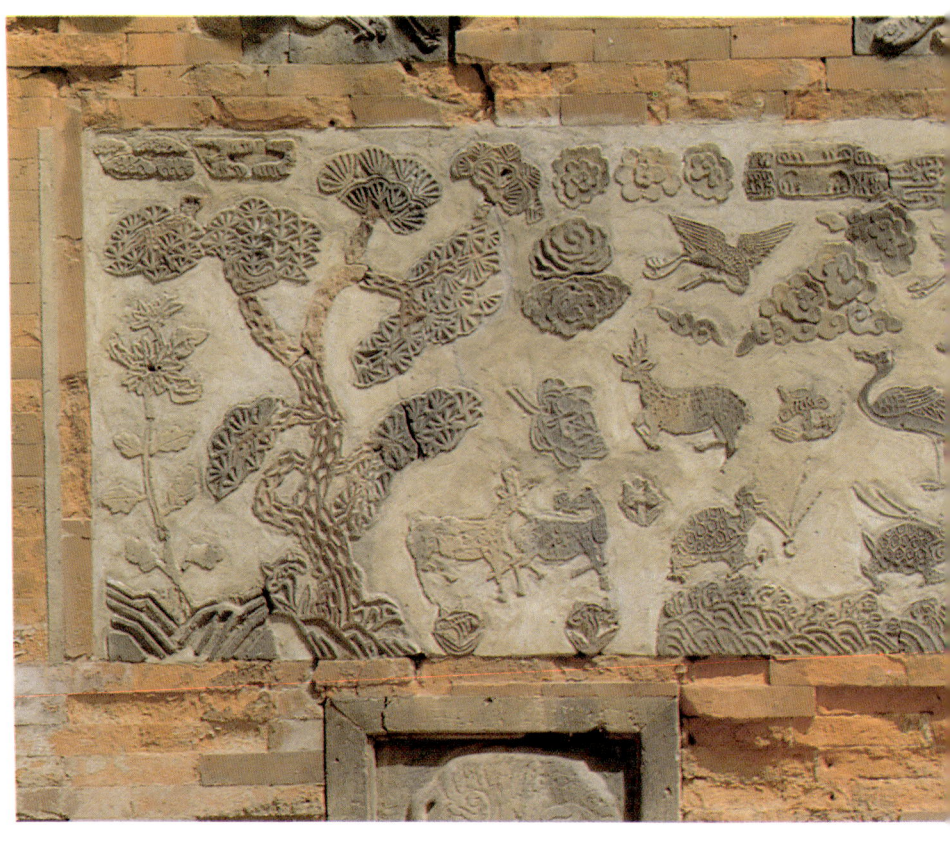

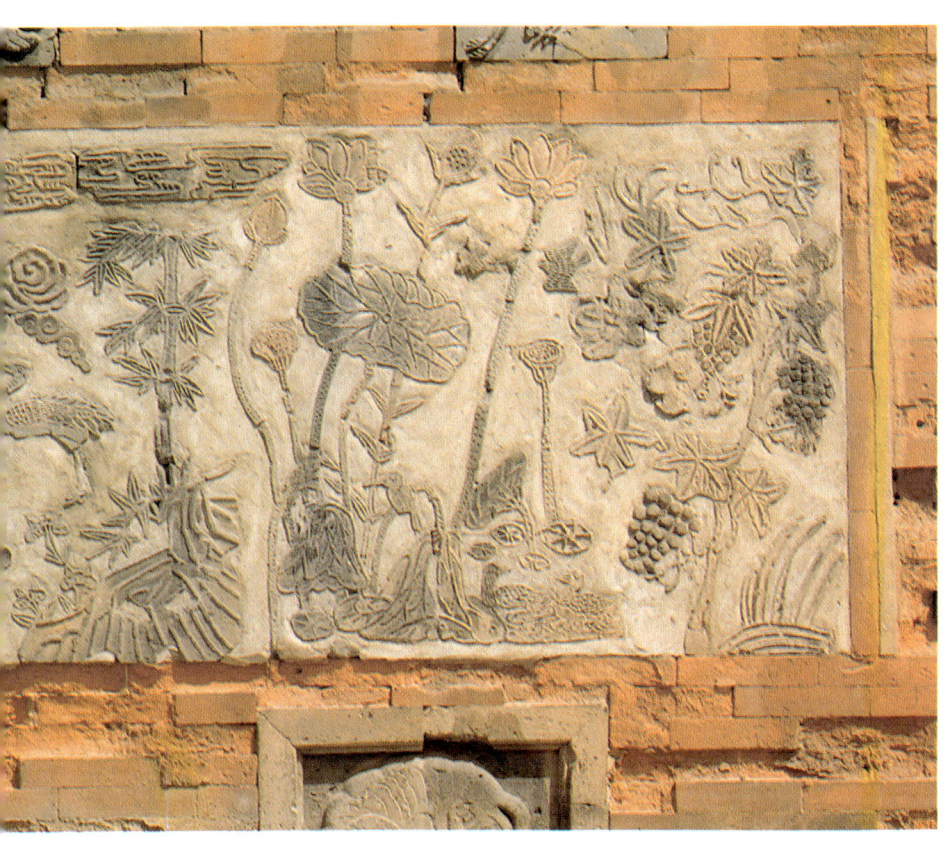

십장생무늬　경복궁 대조전 뒤뜰 굴뚝에는 전돌로 쌓아 올린 굴뚝의 중앙 부분을 길게
면회하여 형상무늬의 부조를 배열하였다. 이 무늬 부분을 중심으로 위아래에 부조
도판을 배치하였다.

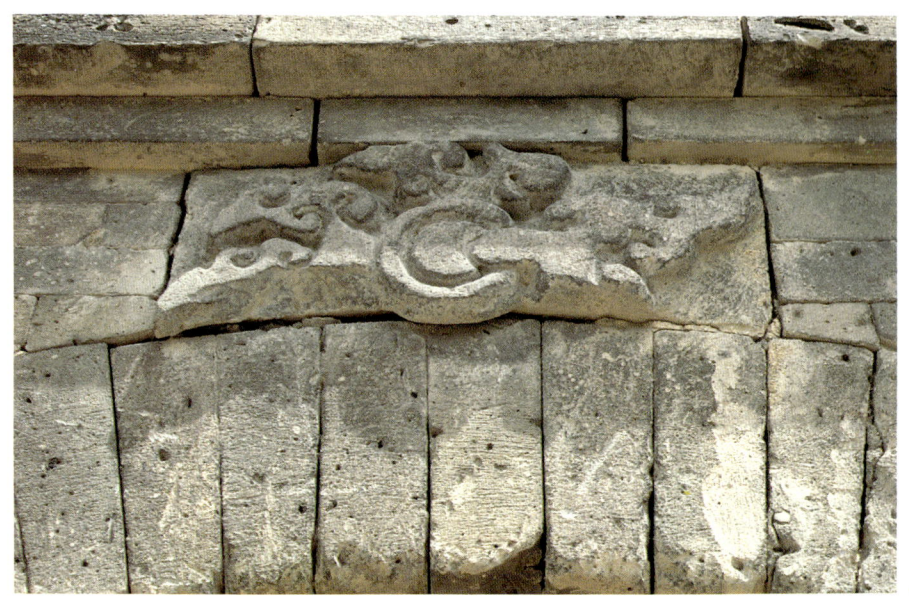

형상 부조 도판(陶版) 경복궁 건춘문 육축 위에 전으로 쌓은 홍예문이 있다. 홍예의 중앙 윗부분에 여의주와 구름무늬를 따로이 구워 배치하였다.

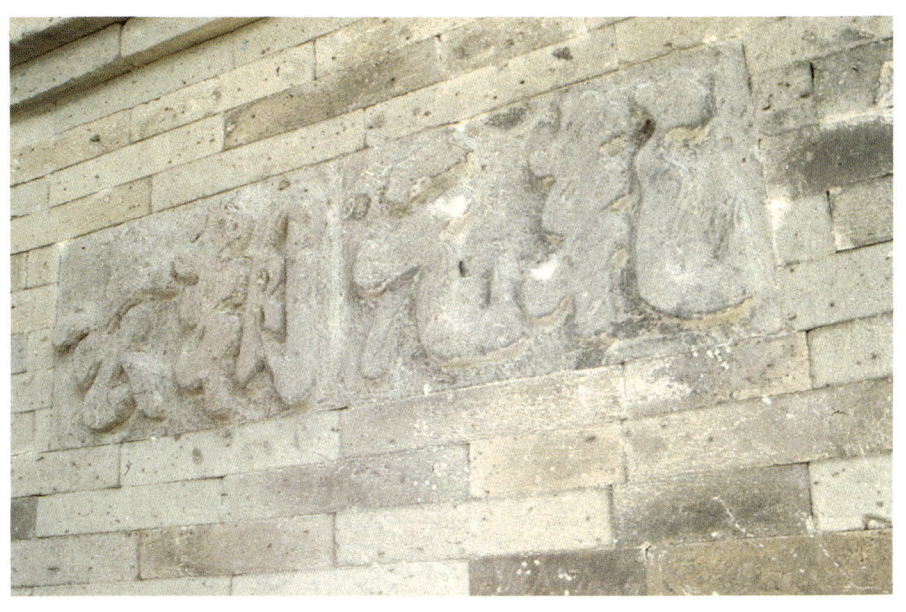

문자 부조 도판 역시 경복궁 건춘문의 협문 측면에 있는 부조이다. 건원조현(乾元朝玄)의 글자 도판으로, 윤곽을 돌리지 않고 벽체와 자연스레 조화시켰다.

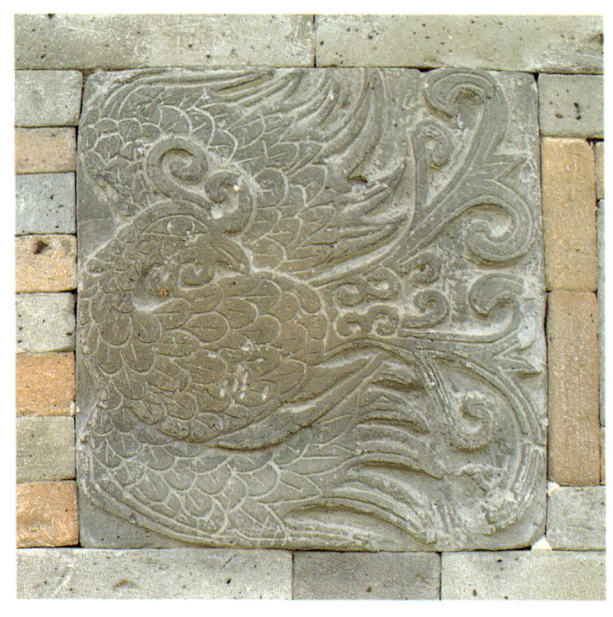

봉황새 부조 도판　경복궁 자경전 동쪽 전축문의 부분이다. 전으로만 쌓은 구조물에서
의 단조로움을 덜기 위해 개발된 부조 도판은 놀라운 미적 감각을 보인다.

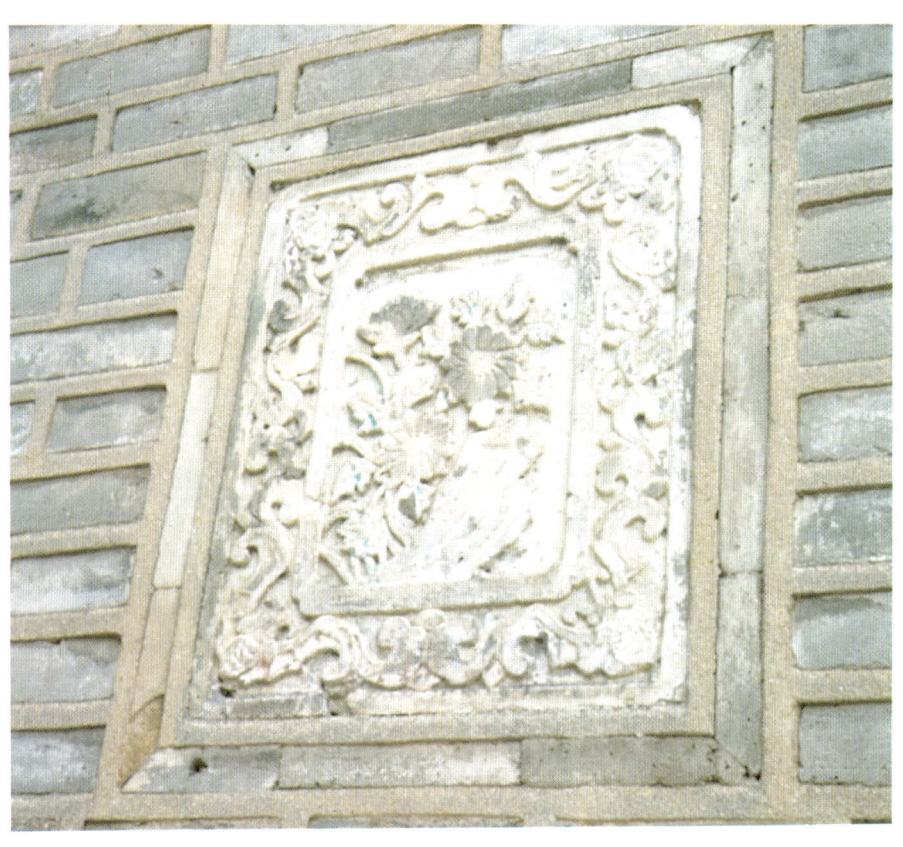

꽃무늬 부조 도판　경복궁 대조전 후원의 굴뚝에 배치된 것이다. 도판 내부를 방형의
　　윤곽으로 구획하여 바깥은 장식성이 강한 식물을 배치하고, 내부는 화조화의 일부처
　　럼 회화적인 처리를 하였다.

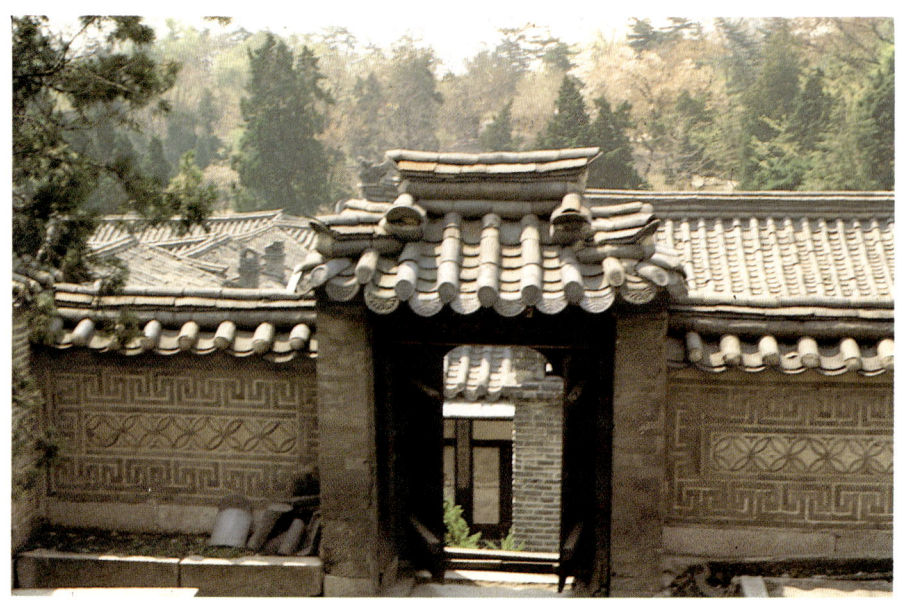

일각문과 꽃담　후원이나 사랑채로 통하는 작은 문인 일각문을, 창경궁 낙선재의 후원
에서는 기둥처럼 세워서 목조 건물의 문처럼 전축하였다.(왼쪽 위)

낙선재 뒷담과 문　문을 중심으로 벽면 좌우의 문양을 다르게 하여 변화를 주었다.
벽사(辟邪)의 석쇠무늬를 나타낸 벽면의 우측 전돌 무늬와 굴뚝의 전돌 무늬가 같아
조화를 이룬다.(오른쪽 위)

덕수궁 일각문　문 좌우 꽃담을 전돌과 사고석으로 쌓아 궁궐 건축의 면모를 여실히
드러낸다. 문을 중심으로 꽃담의 폭이 달라져 무늬 또한 변화 있게 구성되어 있다.
(오른쪽 아래)

44

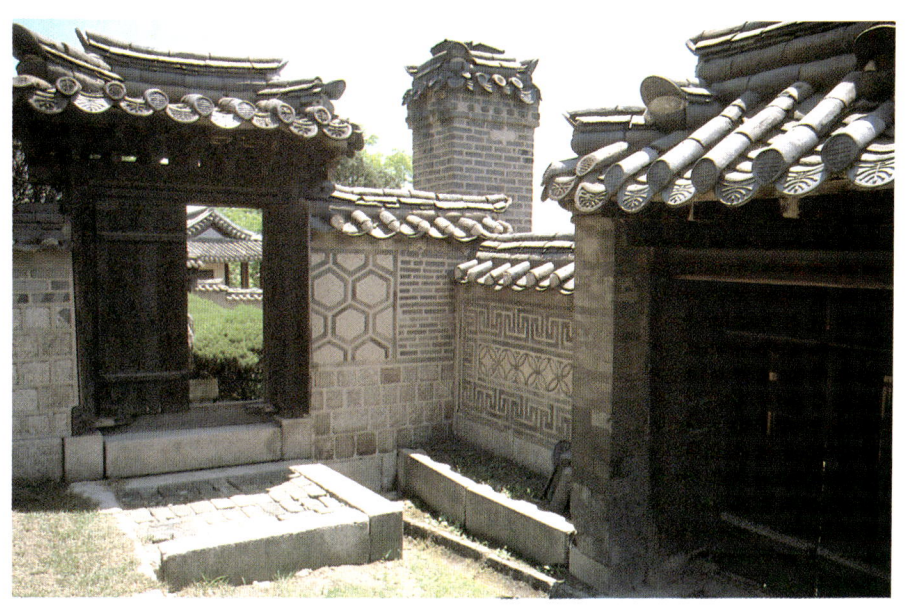

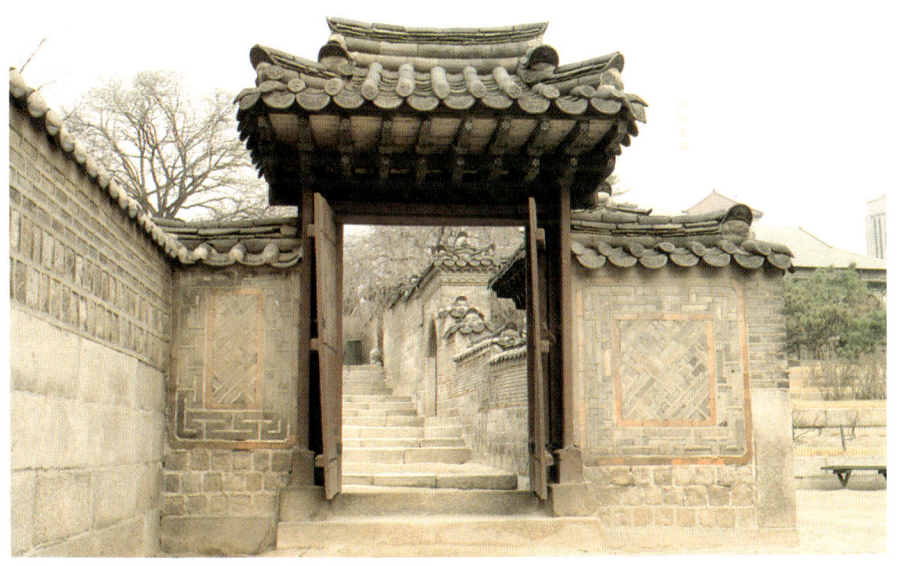

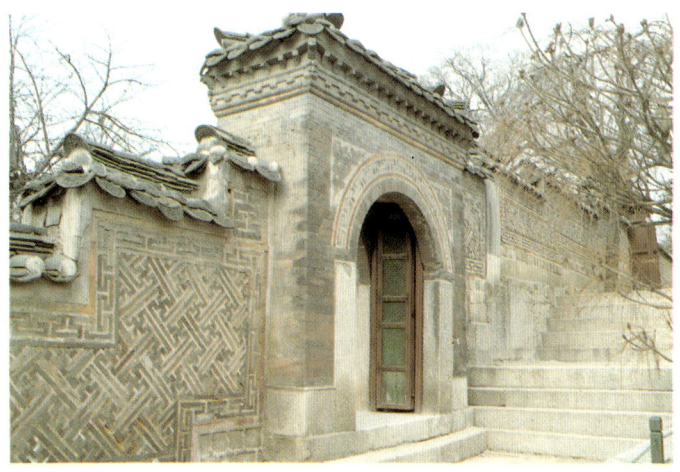
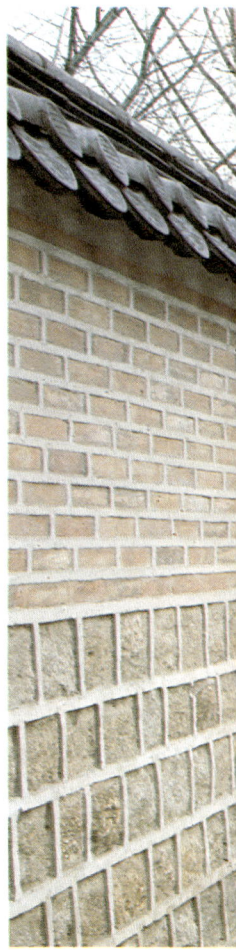

덕수궁 유현문과 꽃담　전으로 쌓은 문인 유현문의 홍예와 지형에 따라 담장의 높낮음
에 변화를 준 담의 뇌문이 변화 있는 조화를 연출한다.

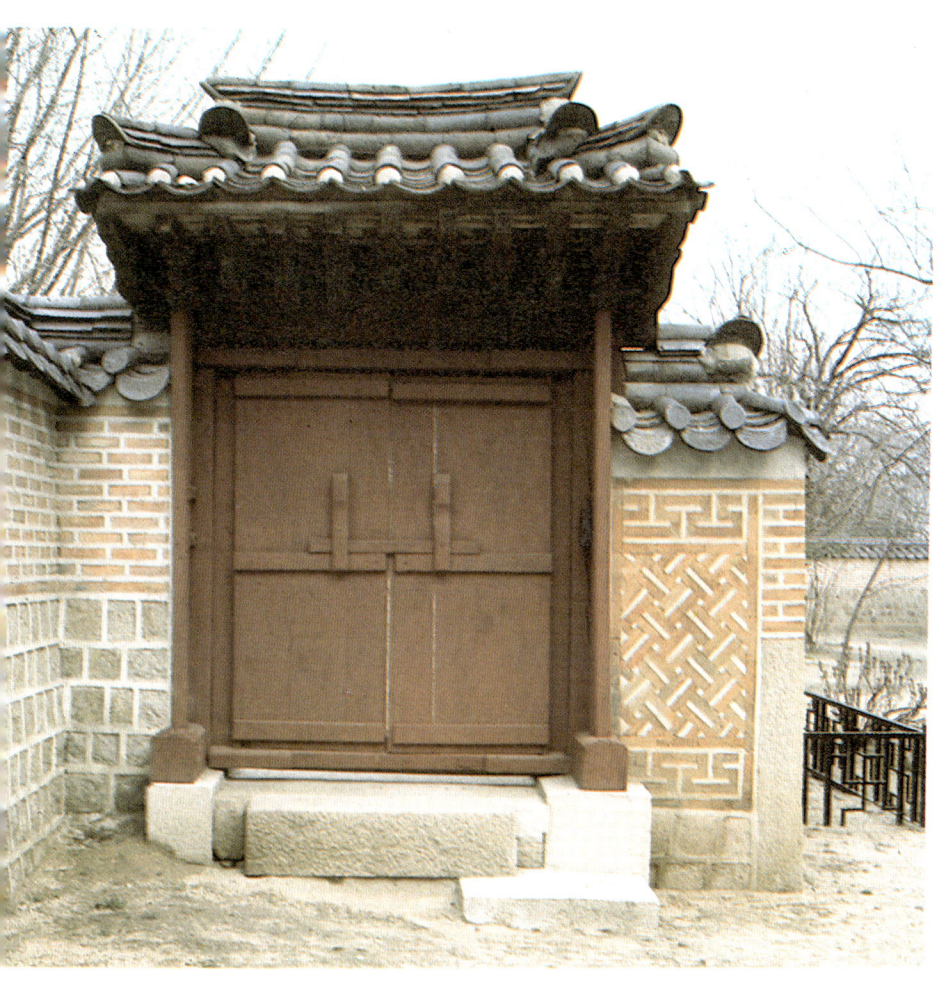

자경전 후원 일각문　작고 평이한 문의 좌우 벽면을 다르게 구성하였다. 사고석과 전돌
로 규칙성을 강조한 좌측 벽과는 대조적으로 우측 벽은 직선과 점선무늬가 화려해
보여 아기자기한 감을 준다.

귀신사(歸新寺) 요사채 굴뚝   고려시대의 수키와와 조선시대의 수키와를 맞세워 만든 소박한 굴뚝이다.(왼쪽)

여천 흥국사 굴뚝   황토와 넓적한 돌, 기왓조각을 섞어 쌓은 후 위에는 옹기 자체를 연가로 삼아 엎어 놓았다.(오른쪽)

해남 대흥사 요사의 굴뚝   밑은 돌로 쌓고 위는 흙과 암키와를 켜로 쌓아 담장 꾸미듯 하였다. 사방에 연기 배출구를 내고 위는 다시 기와로 지붕을 덮어 건물의 구조를 재현했다.(오른쪽)

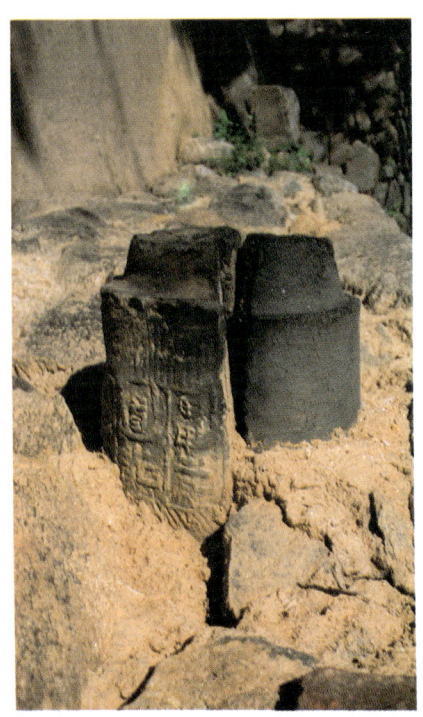

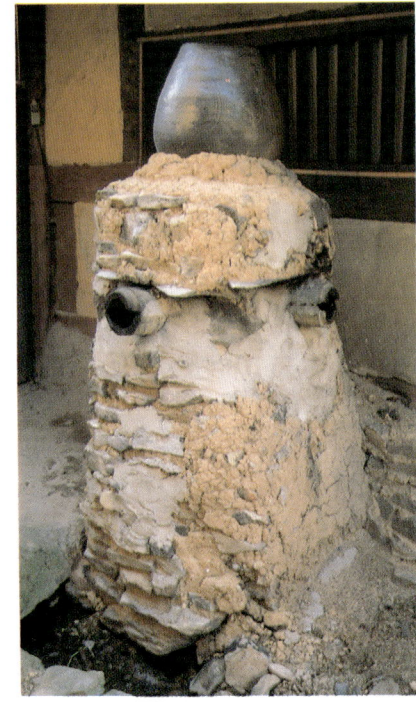

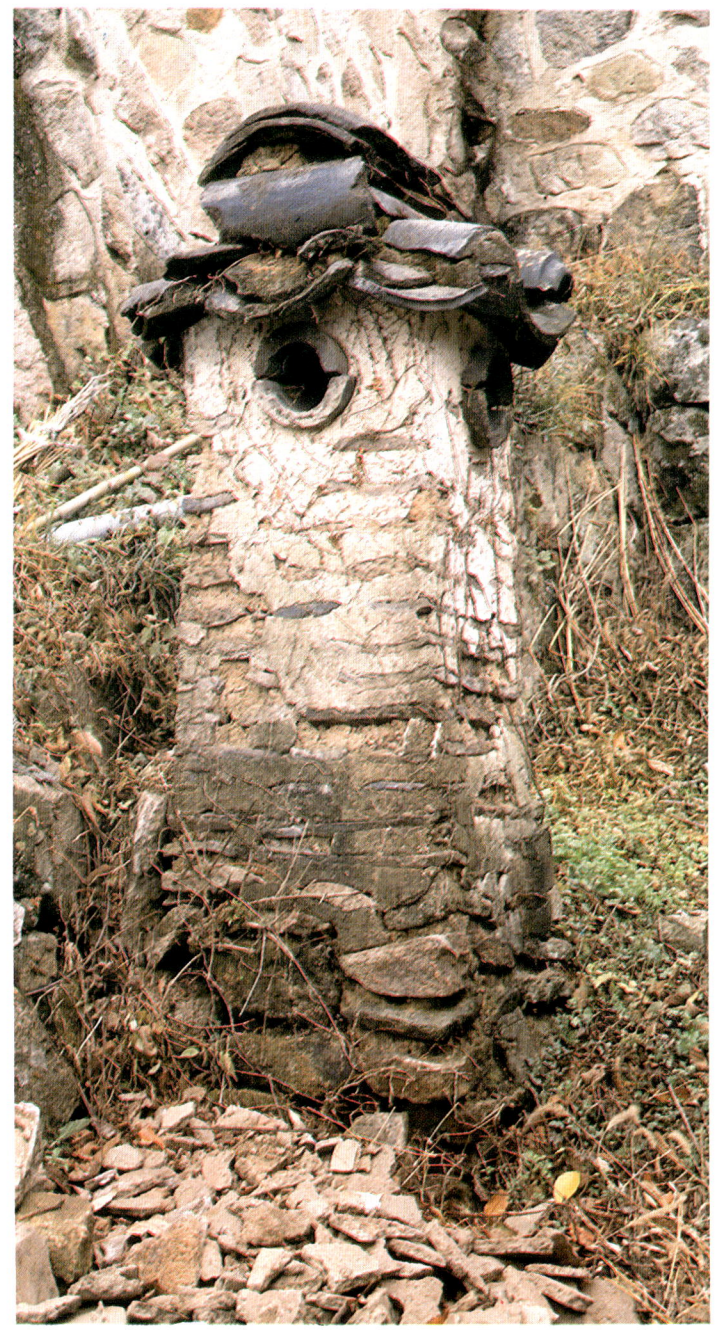

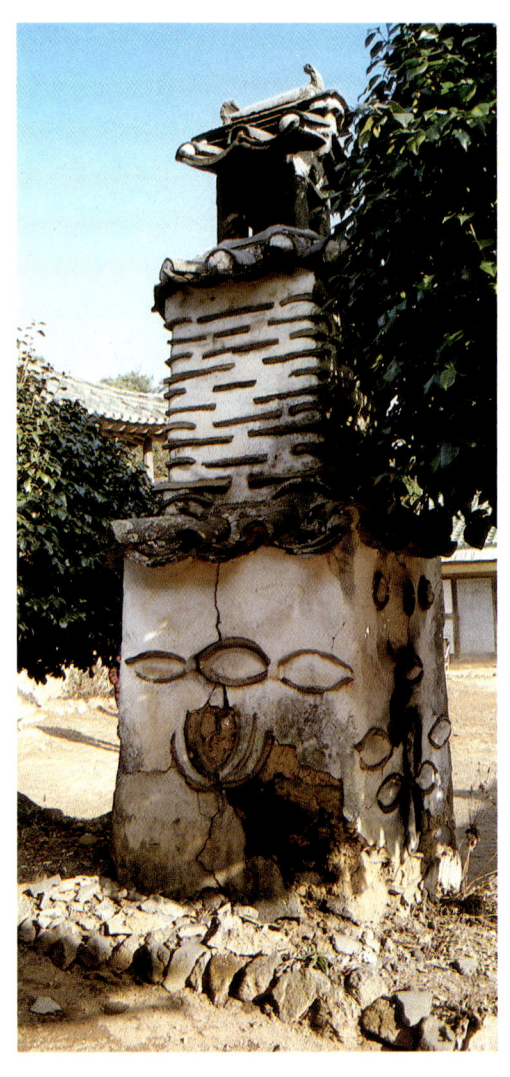

승주 동화사 굴뚝　3층 건물과 같은 형태로 제일 아래는 흙과 기와를 이용하여 문양을
　　이루었고 전체를 3층의 집과 같이 만들었다.(왼쪽)
덕수궁 함녕전의 굴뚝　화계 위에 전으로 쌓은 굴뚝으로 몸체 남면 중앙에 수(壽)자
　　무늬를 놓았다.(오른쪽)

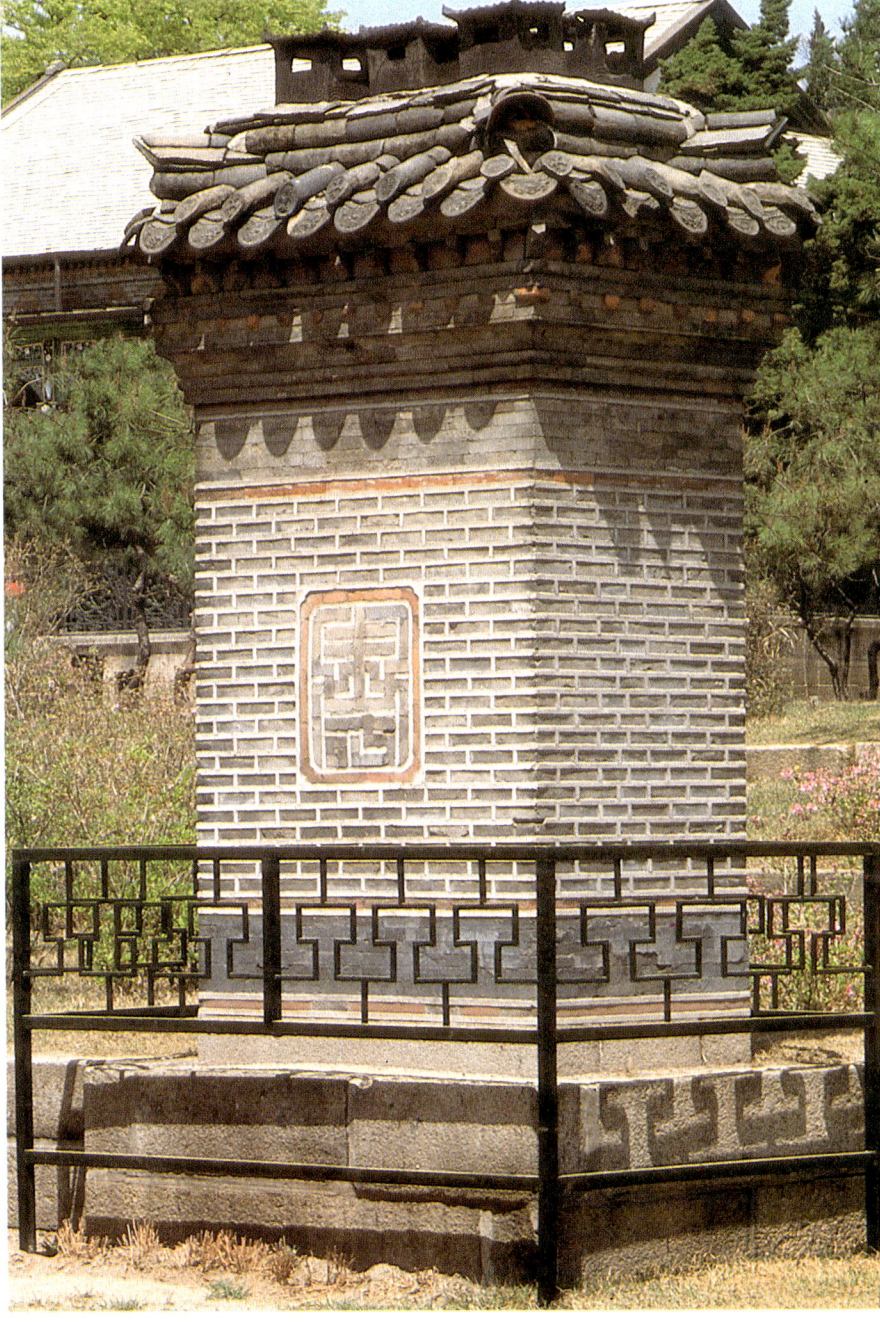

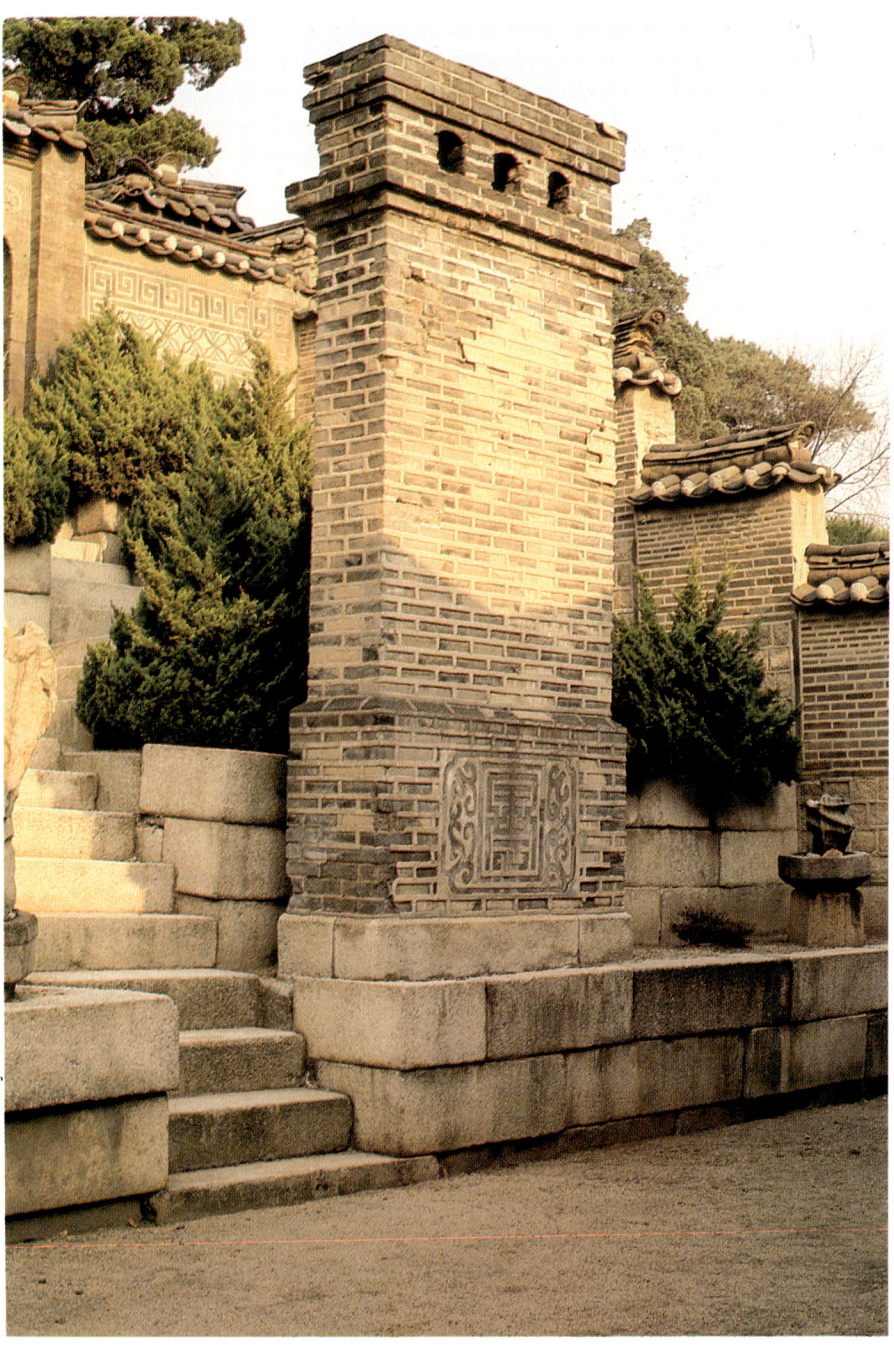

낙선재 뒤뜰의 굴뚝 몸체의 너비가 넓은 쪽에는 일곱 장의 반반전을, 좁은 쪽에는 두 장의 길이로 쌓은 장방형이다. 지붕은 기와를 잇지 않고 좁고 긴 평면을 이루게 했는데 화계 넓이의 제약 때문이다.(왼쪽)

오른쪽 사진은 기단부의 무늬로 남쪽 면 중앙에 테를 둘러 윤곽을 짓고 중심에 수(壽)자를 새긴 것이다. 글자는 직선 테로 두르고 좌우는 넝쿨무늬로 장식했다.

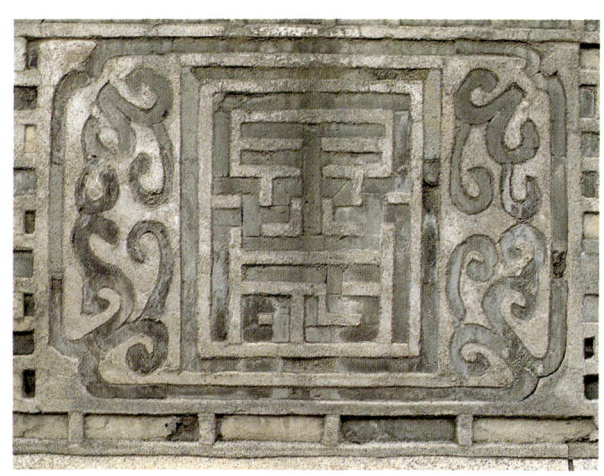

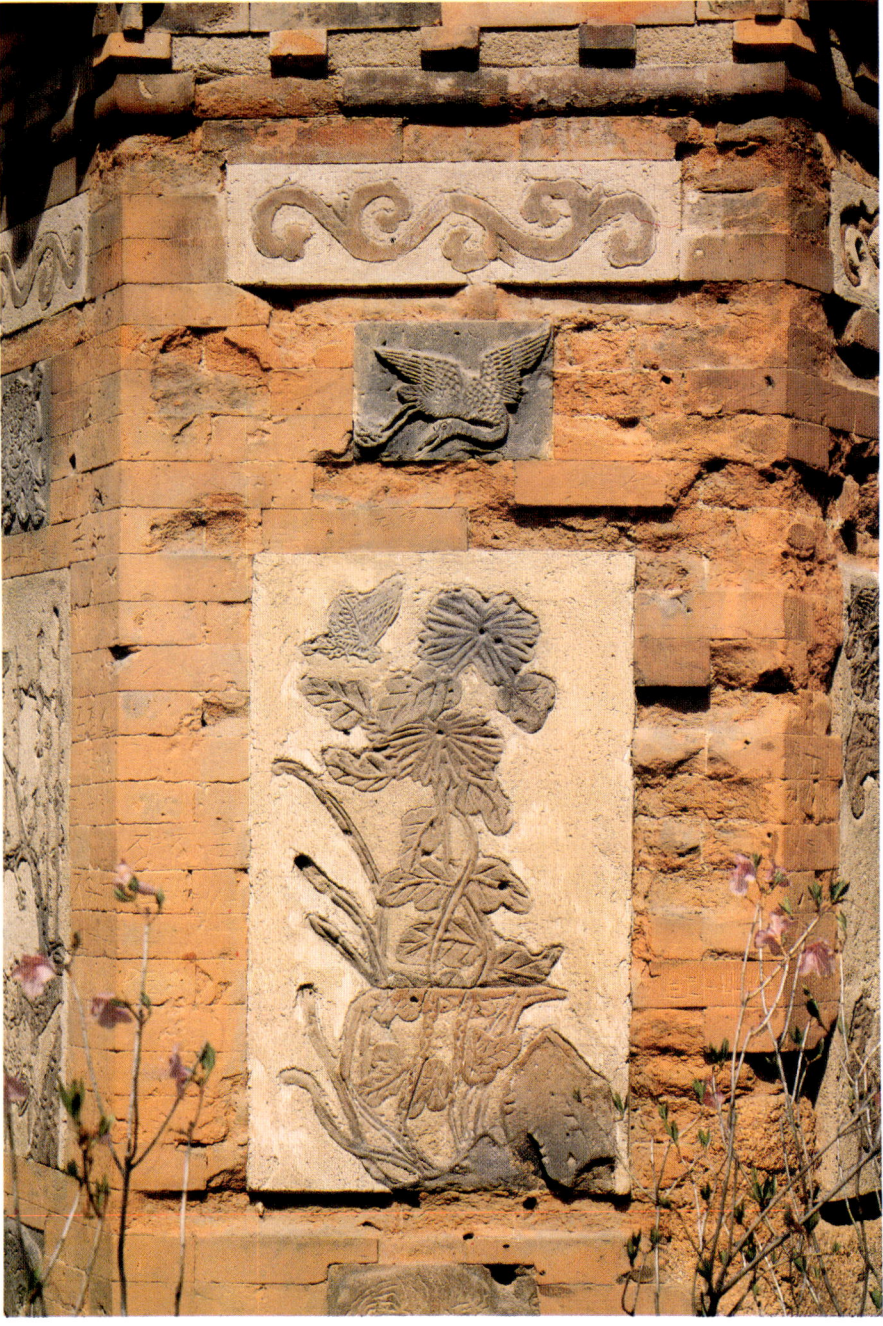

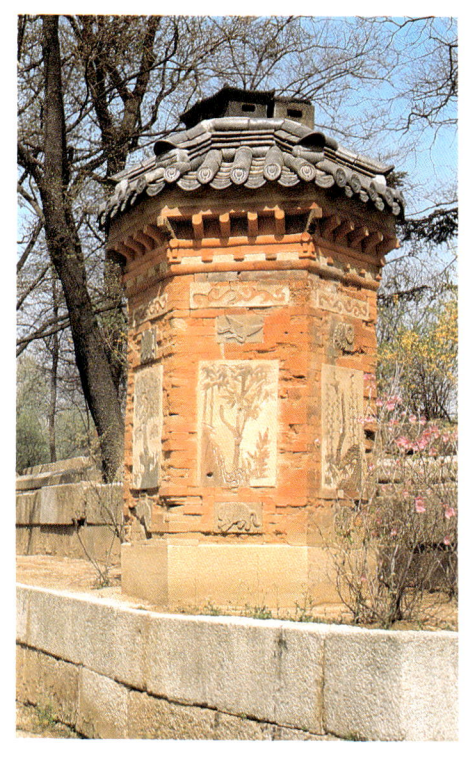

아미산의 굴뚝 경복궁 교태전 뒤뜰에 있는 아미산의 굴뚝은 가장 화려한 굴뚝의 하나
로 몸체가 육각이 되도록 쌓았다.
　각 면을 면회한 형상무늬로 꾸미고 아래위에는 부조 도판을 배치했다. 제일 위에는
곡선무늬를 배치하여 면의 통일성을 주었다.(왼쪽, 오른쪽)

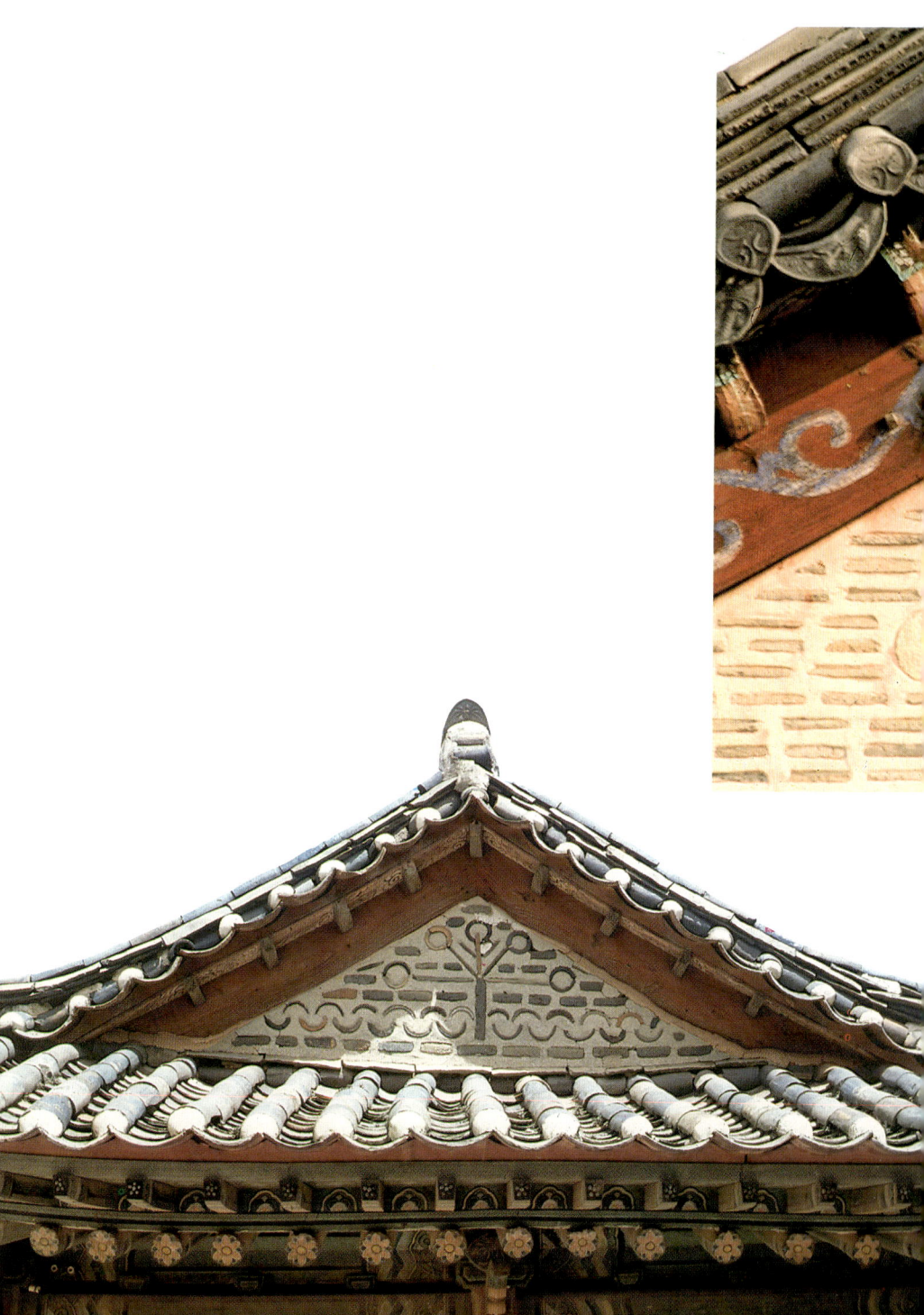

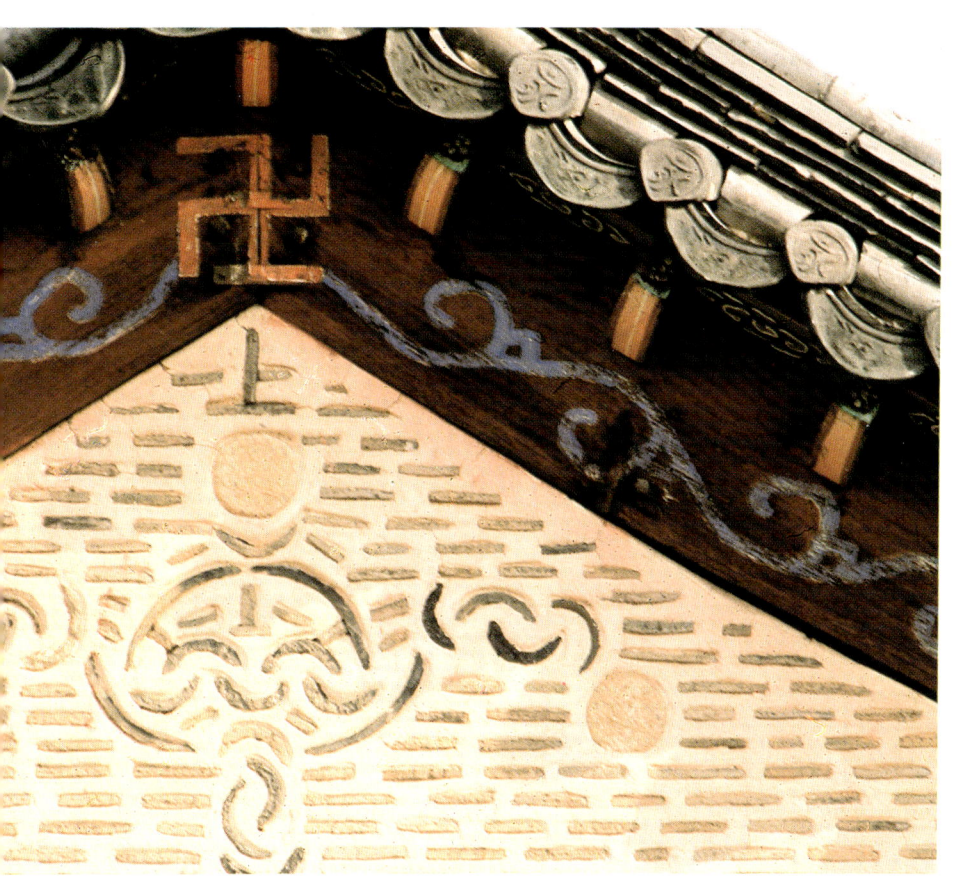

전등사의 합각 암, 수키와의 직선과 곡선을 이용하여 무늬를 놓고 면회하였다. 전돌의
색과 기와의 색이 각기 달라 단청의 화려함과 함께 깔끔함을 보여준다.(왼쪽)
신륵사 극락전의 합각 기왓조각으로 무늬를 놓고 암키와의 곡선을 이용해서 영락
모양을 표현하고 상천(上天)을 뜻하는 '위 상(上)'자를 새긴 뒤 삼화토로 마감했다.
(오른쪽)

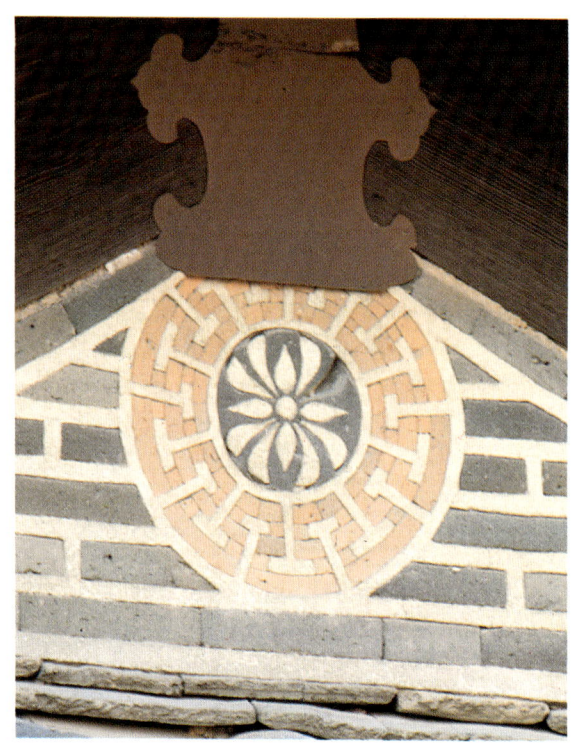

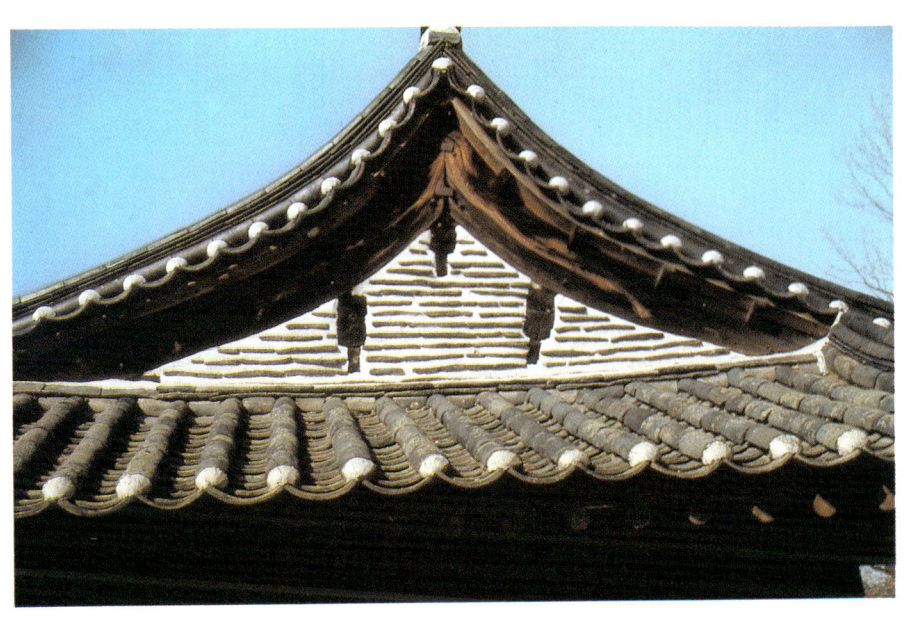

창경궁 석복헌의 합각부 내부에 동심원을 배치하여 무시무종무늬와 태평화를 조화시
켰다. 전체를 전돌로 쌓은 화려한 합각부이다.(왼쪽)
봉화 닭실마을 향교의 합각 합각부에 건물 서까래의 끝부분이 나와 있다. 여기에 직선
의 기왓조각을 배열하여 면회한 흰 면과 대비되게 문양이 나타나게 하였다.(오른쪽)

꽃담

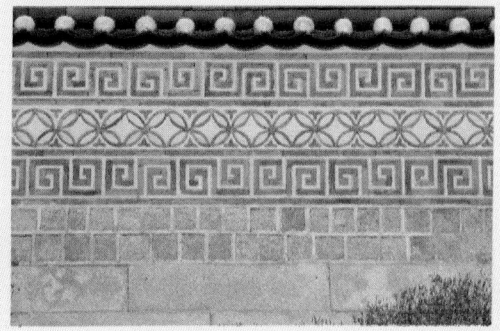

꽃담의 기원

　우리나라에서는 예부터 집의 벽체나 담장에 여러 가지 무늬를 놓아 독특한 치레를 하였다. 그렇게 치레한 벽체나 담장을 꽃담이라고 한다.

　지금도 볼 수 있는 옛 궁궐의 꽃담은 화려하되 야하지 않고 은근한 멋을 풍긴다. 두메산골 토담집 주인이 투박한 솜씨로 토담에 꾹꾹 박아 놓은 기왓조각의 질박한 무늬에 구수한 한국인의 심성이 그대로 배어 있어 그윽한 정취를 느끼게 한다.

　우리나라 사람들은 그러한 꽃담 울타리 쌓기를 좋아하였고 그 아름다움을 즐겼다. 「삼국사기」 권33 '옥사(屋舍)'에 "진골(眞骨) 계급 주택의 담장은 석회를 발라 꾸미지 못한다"라는 기록이 있는 것으로 미루어 성골(聖骨) 곧 왕족은 석회를 발라 집을 치장하였음을 알 수 있으며 꽃담이 멀리 삼국시대에 이미 싹텄음을 짐작할 수 있다.

한옥의 꽃담

고려시대에 장가장(張家墻)이라는 유명한 꽃담이 있었다. 이 꽃담은 고려의 서울인 개경(開京)에서도 뛰어난 꽃담으로 손꼽혔다. 중국에서 온 사신들도 그 꽃담을 보고는 궁궐의 꽃담보다도 월등하다고 칭송하였다.

조선시대에 이르러 검소한 것을 숭상하는 풍조가 생기면서 화려한 꽃담은 저절로 그 기세가 꺾이게 되었다. 화려한 꽃담 대신에 수수하며 은은한 꽃담이 집 주변에 들어서기 시작했다. 시골집 주변에서 구할 수 있는 흙과 돌, 기와나 그 파편들이 꽃담을 꾸미는 재료가 되었다. 천연이 주는 재료를 써서 멋지게 구조해내는 재주를 부렸고 깊은 생각과 적절한 지혜가 그 일을 가능하게 하였다.

꽃담 축조 기법으로는 오늘날 볼 수 있는 도예조소(陶藝彫塑)까지도 이미 삼국시대에 사용하고 있었다. 이 맥은 조선조로 계승되어 임진왜란 이전까지는 새 수도로의 천도와 그에 따른 한양성(漢陽城)의 건설 등으로 장중한 꽃담들이 만들어졌다.

그러나 임진왜란을 겪은 뒤로는 현저하게 침체되었는데 경제상태가 그만큼 악화되었기 때문이다. 그렇지만 천여 년의 흐름이 단절된 것은 아니었다. 지금도 남아 있는 조선시대의 궁궐인 경복궁, 창덕궁 그리고 19세기말에 경영된 덕수궁에서도 의연한 꽃담들을 볼 수 있다.

이런 흐름은 민가에도 영향을 미쳐 살림집에서도 꽃담을 설비했는데 지금도 그 자태를 남기고 있는 옛 살림집들을 볼 수 있다. 이들은 역시 임진왜란 이후의 경제 여건 때문에 그 이전에 비해 화려하지는 못하다.

경제의 침체에 따라 요업도 침체되어 무늬 놓은 벽돌을 구워다 아름답게 치장하지는 못하였지만 주변에서 얻을 수 있는 소박한 재료만으로도 구성진 꽃담을 조성해 내었다. 이러한 기술은 삼국 시대 이래 축적된 기량에서 우러나온 것이라고도 할 수 있는데, 지금 보면 이런 담이 오히려 더 친근감을 느끼게 해준다.

현대인들은 꽃담을 건축도자(建築陶瓷)의 한 가지로 분류하여 이를 환경도예(環境陶藝)라고 부르기도 하는데 우리에게는 이 말이 적합하다고 생각된다.

환경도예란 말은 서구에서 시작했으므로 환경도예 자체가 그쪽에서 비롯된 것처럼 여기기 쉬우나, 환경도예의 근간이 꽃담이나 도조(陶彫)라고 볼 때 환경도예의 시작은 우리에게 있다 하겠다.

다만, 1910년대 이래로 우리나라의 모든 문물이 성장을 멈추게 되었고 도예 분야도 예외가 아니어서 1950년대까지 침체가 계속되다가 1960년대에 들어 각 대학에 도예학과가 개설되자 비로소 활기를 띠게 되었다. 그리고 이제 불과 30년 미만에 세계적인 도예가들을 배출할 단계에 이르렀다. 침체기가 있기는 했지만 천년이 넘는 잠재력이 이들의 자신감을 북돋아 준 것이다. 이 기세에 따라 환경도예도 새로운 국면을 맞이하고 있다.

이런 시점에서 한옥의 꽃담을 살펴보고 공부하는 것은 융성한 현대의 꽃담을 조성하기 위함이다. 옛것에다 든든한 뿌리를 내리고 풍부한 역사의 자양(滋養)을 섭취하여 현대적인 좋은 풍토에서 싱싱한 새로운 꽃을 피우고자 하는 것이다.

꽃담의 내력

이와 같은 우리나라 꽃담의 시작은 울타리에서 비롯된다. 울타리란 사람이 사는 집 둘레에 둘러친 것이다. 우리나라에서는 예로부터 우주를 가리켜 '울'이라고 했다. '한울'은 크나큰 울 곧 우주다. 끝이 없는 무한대다. 이런 한울은 우리의 가슴 속에도 있다. 인지가 발달하면서 가슴 속의 울에 의미를 부여하게 된 것이다.

우리 배달겨레는 울의 주재자를 환인(桓因)이라고 생각했다. 이 환인께서 환웅을 우주의 한쪽에 내려보내 그곳에 모여 사는 몽매한 인간을 다스리게 하였다. 이는 삼라만상 중에서 인간을 가장 귀하게 여겼으며 인간을 소우주로 보았기 때문에 가능하였다. 그래서 우주의 주재자인 환인이 아들 환웅으로 하여금 소우주를 다스리게 했던 것이다.

인간에게는 생각이 있고 생각이 있으므로 대우주의 실재를 인식하게 되었다. 삶을 인식하는 능력이 생기자 환웅은 웅녀와 결합하여 단군이 탄생되었다. 이 결합으로 가족이 생기고 살림살이가 시작되었으며 따라서 가족의 보호와 방어를 위한 방법으로 사는 집 둘레에 울타리를 치게 되어 소우주의 울이 생겨난 것이다. 이로써 이웃과의 관계가 정립되고 인간만사의 까닭이 생겨나기 시작했다.

이 울타리는 집과 더불어 중요한 역할을 하게 되었다. 어떻게 보면 자연 속에서 자연과 더불어 사는 인간에게는 삼라만상이 다 내 속에 있으니 굳이 울타리를 쳐서 한계를 지을 까닭이 없었을 것이다. 그러나 후대로 내려오면서 이 울타리는 든든한 담이 되었고 그 담에 해와 달과 별(日月星辰)을 무늬 놓아 꾸미기도 하였는데 이러한 행위 역시 대자연 속에 사는 인간의 마음을 드러낸 것이라 하겠다.

인구가 차차 불어나고 원시사회가 이룩되면서 약했던 울타리도 실해지기 시작했다. 그래서 나무가 잘 자라는 고장에서는 나무를 심어 울타리를 삼기도 했다. 그리고 좀더 든든한 담, 무너지지 않는 담을 쌓으려고 조형적인 법식을 궁리하게 되었다.

이렇게 후대로 내려오면서 담이 점점 튼튼해지고 강해지면서 부드럽고 아름답게 꾸미려는 노력도 따르게 되었다. 또 담이 생기면서 점점 복잡하고 많은 사연들이 생겨났으며, 그 사연의 내용을 무늬로 표현하기 시작했다.

환경도예로서의 꽃담

이처럼 사람이 살고 있는 집 주변의 환경을 도자 예술품으로 아름답게 치장하는 것을 현대인들은 환경도예라고 말한다. 도토(陶土)로 만든 예술품은 비단 집 구조물의 치장뿐 아니라, 형상으로 표현한 집 둘레의 여러 가지 입체적인 작품까지도 망라한다.

문헌에 의하면 인류 최초의 건축용 도예는 기원전 5000년경 근동 지방에서 시작되었다고 한다. 처음에는 강하게 하기 위해 가장 구하기 쉬운 나무나 풀을 연료로 하여 흙벽돌을 구웠을 것으로 짐작된다. 이들은 마침내 도기(陶器) 소성 방법을 익혀 응용하게 되었고 더 나아가 벽면을 장식할 타일에 무늬를 넣고 유약을 바르는 기법까지도 터득하게 되었다.

이러한 장식 기법이나 시유법(施釉法)은 기원전 1400년경에 이루어졌으며, 그로부터 200년 정도 지나면서 이집트 사람들은 다양한 색상의 타일을 생산하게 되었다. 기원전 580년경에는 바빌로니아 제국에서 부조(浮彫) 기법으로 만든 다양한 색상의 커다란 벽 타일이 만들어지기도 했다.

한편 동양은 중국에서 기원전 3세기경에 상당한 수준의 제웅과 타일을 흙으로 빚어 만들었다. 이러한 사실은 산이 멀어 건축용 목재를 구하기 어려운 평원 지대에서 건축 용재로 점토를 빚어 구워 낸 데서 도기의 기법이 발달하였으리라는 것을 쉽게 짐작할 수 있다.

우리나라에는 북부여 지역에서 건국한 고구려가 차츰 남진하여 한사군의 관할 영토를 병합하고, 평양 일대에는 낙랑군치(樂浪郡治)가 이루어지던 시절에 이미 벽돌로 쌓은 무덤(塼築墓)이 만들어졌다. 이러한 전축묘의 벽돌이 우리나라에서 발견된 가장 오래된 전재(塼材)라고 한다. 곧 고구려에서는 이미 전(塼)의 쓰임새와 장점을 익히 알고 널리 사용하였음을 알 수 있다.

기록에 의하면 고구려의 백성들은 궁궐을 화려하게 짓기를 좋아했다고 한다. 이로써 기원전 37년에 고구려가 건국되고 국내성(國內城)에 궁궐을 조성했을 때는 이미 이러한 전의 제작이 본격화되었으리라 짐작된다.

이처럼 우리나라에는 삼국시대 이래로 매우 다양한 도예품들이 만들어졌다. 와박사(瓦博士)들이 구워 낸 암·수의 바닥기와, 막새, 망새, 곱새, 바라기, 연화, 용수(龍首), 짐승, 치미(鴟尾), 취두(鷲頭), 절병통(節甁桶) 그리고 여러 종류의 전이 있다.

전돌이란 흙으로 구워 낸 벽돌을 말하며 그 쓰임새에 따라 반반전(半半塼), 반전(半塼), 방전(方塼), 대방전(大方塼), 포방전(布方塼), 벽전(壁塼), 상형전(箱形塼)으로 나눈다. 반전, 반반전, 블록 형의 큰 전돌은 건물의 담을 쌓는 데 썼고, 건물 내부의 바닥이나 복도에는 반전이나 방전(方塼)을 깔아 편하고 아름답게 꾸미기도 했다.

절에서는 여래상, 보살상, 신장상(神將像) 등을 새긴 전을 빚기도 했고, 궁궐이나 도관(道觀)에서는 신상 (神像), 서수(瑞獸), 서조(瑞鳥)를 새기기도 했다. 또 절에서는 전탑(塼塔)을 쌓기도 하였다. 전의 쓰임새에 관해서는 항을 달리하여 좀더 자세히 살펴보기로 하자.

이렇듯 활발하던 도예품의 치장이 조선조에 들어오면서 차츰

줄어든다. 앞서 말했듯이 검소한 것을 덕으로 여겼던 유교의 영향도 있었거니와 임진왜란, 병자호란 등을 겪어 국가 경제가 극도로 악화되어 사원에서도 갖가지 장엄(莊嚴)한 치장을 줄였는데 이는 전해오던 구조물의 유지조차도 어려웠기 때문이라고 생각된다.

다행히 조선 말기의 꽃담들이 남아 있어서 연구에 많은 도움이 되고 있다. 우리가 건축도자에 주목하기 시작하면서 환경도예론까지 나오게 되었고, 선대가 이룩한 환경도예를 충분히 이해할 필요를 느끼게 되었다. 한옥의 꽃담을 환경도예의 시작으로 보는 까닭이 바로 여기에 있다. 이 꽃담의 구성이나 무늬를 공부함으로써 조선시대의 조영(造營) 사상을 고찰할 수 있는 토대를 마련할 수 있게 된다.

꽃담의 종류와 치장

꽃담을 쌓을 때 일반적으로 사용하는 재료는 다음과 같다.

진흙과 모래
돌　벽면을 쌓거나 무늬를 놓을 때 쓴다. 이런 돌은 자연석을 그대로 쓰기도 하고 다듬어서 쓰기도 한다.
기와　무늬를 놓을 때 쓴다.
전돌　여러 가지 크기의 종류가 있으며, 무늬가 없는 것(無紋)과 무늬가 있는 것(有紋)이 있다.
석회 또는 삼화토(三華土)　화장줄눈을 칠 때 쓴다.
석비레　삼화토용
여물　흙을 이길 때 섞어 쓴다.
새끼줄　사고석(또는 사괴석)을 묶을 때 쓴다.
목재　토담을 쌓을 때 거푸집을 짓는 데 쓴다.
단청도료　무늬를 칠하거나 그림을 그릴 때 쓴다.
종이　밑그림을 그릴 때 쓴다.
이상의 재료 중 꽃담을 쌓는 데 가장 중요한 재료가 전돌이다.

이 전돌의 제작법과 소성법(燒成法)에 대해 살펴보기로 하자.

전돌의 제작

오늘날 전돌을 만들 때는 점토를 건조시키거나 소성할 때 심하게 수축되는 것을 막기 위해 내화(耐火) 점토를 30% 섞어서 반죽한다. 우리나라 점토의 대부분은 소성이 끝나면 대략 20%의 수축율을 나타낸다. 그러나 흙에 따라 다소의 차이가 있으므로 수축율을 미리 감안하여 제작해야 한다.

점토의 성격과 수분의 함량, 제작물의 크기와 두께, 제작하는 곳의 환경 조건에 따라 제작 과정도 다르게 된다. 이 점도 미리 감안해 두어야 완성 후에 차질이 생기지 않는다.

「임원십육지(林園十六志)」에서 서유구(徐有榘)는 전돌을 만들 때 쓰이는 흙에 대하여 이렇게 언급하였다.

"푸른색이 나는 진흙은 물가에서 채취되며, 질이 좋은 흙은 비옥한 논에서 나오기도 한다. 흙은 끈끈하며 터지지 않고 가루로 만들어도 모래처럼 흩어지지 않아야 상품(上品)으로 친다. 흙이 준비되면 물로 적시면서 열 마리의 소를 몰아 되직하도록 충분히 밟는다."

옛날에는 내화점토의 혼합이 없었다. 대신에 규석질의 모래를 섞었다. 이는 깨어진 옛날 전(塼)이나, 기왓조각의 태토(胎土)를 보면 알 수 있다. 신라, 고려, 조선조의 전에 비하여 백제의 전에는 불순물이 거의 섞여 있지 않은 것도 한 특징이다.

예전에는 개기(鍊土)가 끝나면 틀에 흙을 채워 넣고 틀 밖으로 빠져 나온 것은 철선궁(鐵線弓)으로 도려 내어 깨끗이 정리하였다. 이런 제작 광경이 「천공개물(天工開物)」에 수록되어 있다. 천공개물이란 중국 명나라 말기의 학자 송응성(宋應星)이 지은 책이름이다. 이 책은 전래되는 중국의 산업 기술(농업, 염색, 製鹽, 製陶, 제지, 양조, 야금 등 18가지)을 집대성한 기술 서적이다.

빚어진 전돌은 굽지 않으면 형상을 오래 유지하지 못한다. 높은 온도에서 구워 내야 영구적이다. 이 굽는 일 곧 소성(燒成)이 성공하지 못하면 아무 소용이 없게 된다.

소성은 가마에 넣고 한다. 지금은 가스나 석유를 연료로 사용하는 개량 가마로 소성하지만 옛날에는 두꺼비가마나 용가마에 나무를 때는 방법을 사용하였다. 기와나 벽돌은 일반적으로 용가마보다는 두꺼비가마를 사용했다.

정조(正祖;1777~1800년) 때 축조한 수원성(華城)은 전돌로 쌓아야 했기 때문에 전돌이 대량으로 필요하게 되자, 청나라의 가마 제도를 도입했다.

「임원십육지」에 그 때의 일이 다음과 같이 기록되어 있다.

"화성(華城)에 옹성(甕城)을 쌓을 때 「천공개물」의 벽돌 굽는 법을 모방하여 대소(大小)의 가마 2기(二基)를 설치하였다. 큰 가마에서는 대반전(大半塼) 3천 장을 굽고, 작은 가마에서는 1천 6백 장을 구웠다. 작은 가마에는 2백 바리의 땔나무를 태워야만 비로소 화조(火條)가 충분하였다."

그리고 「천공개물」의 가마 제도를 다음과 같이 기록해 놓았다.

"중국의 가마는 벽돌로 쌓고 회(灰)로 봉한다. 마음대로 높고 크게 만드는데, 모양이 종을 엎어 놓은 것 같다. 가마 정수리에 움푹히 구덩이를 만들고 수십 말의 물을 길어다 붓는다. 가마 옆에 연기 나갈 창을 4~5개 뚫어서 필요에 따라 불길이 치솟게도 하였다.

가마 속에 벽돌을 재는데, 모로 세워서 여남은 줄을 만든다.

그 위에 판을 놓고 다시 벽돌을 세워 나가는데 마치 구들의 고래를 켜듯이 하여서 벽돌 사이로 불길이 자유로이 드나들 수 있게 한다. 이렇게 꼭대기까지 쌓으면 중앙이 목구멍처럼 되어서 불꽃을 끌어올리는 것이 마치 숨을 들여마시는 듯해서 불길이 항상 일정할 뿐 아니라 주변에 골고루 퍼져서 벽돌이 저마다 고르게 구워진다. 전은 소성할 때의 땔감에 따라 색이 다르게 구워진다. 나무를 때면 청흑색의 전이 되고 석탄을 때면 백색이 된다.

나무를 때는 가마는 꼭대기에 한쪽으로 치우치게 구멍 세 개를 뚫어 연기가 빠지게 한다. 불이 충분하게 핀 후에는 그 구멍을 막은 다음 물로 색을 입히는 전투법(轉透法)을 쓴다. 정수리에 수십 동이의 물을 붓는다. 가마 속에 몇 장의 벽돌이 재어졌느냐에 따라 수량(水量)을 달리한다. 물은 가마의 토막(土膜) 아래로 스며들어 수화(水火)가 응(應)하면서 벽돌에 검은색을 입히게 된다."

불을 때는 작업이 끝나면 불 땐 시간만큼 식힌 뒤에 가마에서 꺼내게 된다. 꺼낸 벽돌은 바로 공사장에 보내지 않고 땅을 판 움 속에 넣고 열흘이나 보름을 지낸다. 구워진 벽돌의 소성(燒性)을 완전히 제거하기 위해서이다. 이 단계를 거친 뒤에야 벽돌을 현장으로 보낸다. 벽돌은 설익거나 지나치게 익어서 휘거나 일그러지지 않고 푸른기가 돌아야 상품(上品)이다.

전돌의 쓰임새

구워진 전돌은 크기와 모양에 따라 요모조모로 적절하고도 다

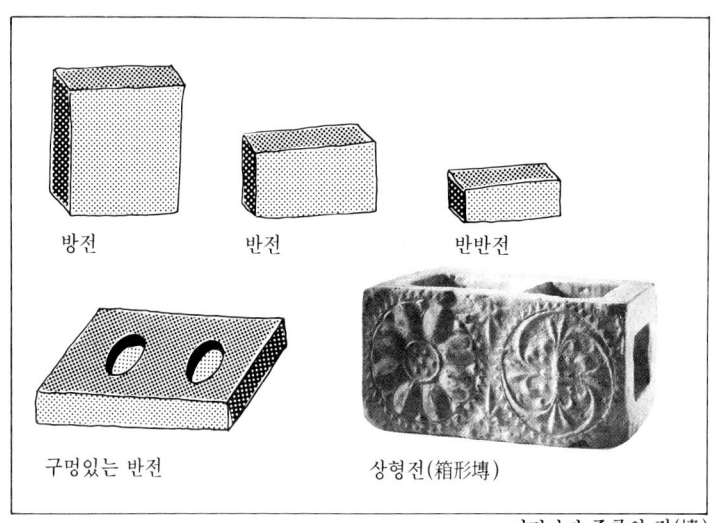

방전   반전   반반전

구멍있는 반전   상형전(箱形塼)

여러가지 종류의 전(塼)

양하게 이용하여 환경도예의 아름다움을 표현하였다. 이런 전돌
은 이미 한나라 때의 낙랑 지역의 묘를 쌓는 데 사용되었다.

특히 고구려 호태왕릉(好太王陵)에서 발굴된 '願太王陵安如固如
岳'이라 새겨진 명자전(銘字塼;글자를 새긴 전)과 천추총(千秋塚)
에서 발굴된 '千秋萬歲永固'라는 명자전은 우리나라 환경도예의
내력을 여실히 드러내는 좋은 자료라 할 수 있다. 벽체를 쌓는 데
쓰였던 이 반반전은 유독 길이가 길다.

이런 반반전은 무늬가 새겨진 것과 없는 것이 있는데, 특히 고
려, 신라 때에는 아름다운 유문전이 많다. 그 중에서도 대표적인
것은 522년에 세상을 떠난 백제 무녕왕과 왕비를 위해 속리산에
축조한 무녕왕릉(武寧王陵)의 벽체를 쌓은 반반전일 것이다. 이
반반전은 두 장을 맞대면 여덟 잎(八辦)의 연화무늬가 되는 정밀
한 전이다.

신라초에 쌓은 신륵사의 전탑에는 반원(半圓)의 선을 기본으로

하는 무늬가 베풀어져 있다.

반전은 반반전보다 약간 큰 규격으로 만들어진다. 방전 반만큼의 크기라는 데서 붙여진 명칭이다. 이 역시 무문과 유문의 두 가지가 있다. 화성이나 남한산성, 공주의 공산성 만하루 터(挽河樓址)에서 출토된 반전들은 무문이다. 서라벌 안압지의 임해전은 건물 사이의 보도(步道)를 반전으로 치장했었는데 반전 몸체의 넓은 면을 포상(布床)의 표면으로 사용한 예이다.

반전 중에는 녹유(綠釉)를 입힌 벽전(壁塼)도 있다. 부산 시립박물관 개관전 때 그런 반전을 선보인 적이 있다. 이는 방형이나 장방형이 아니라 윤곽의 일부를 만곡(彎曲)시켜 서로 이어지면서 이음새가 곡선을 이루게 한 것으로 현대식 모자이크의 한 형태와도 같아 보인다.

안압지에서는 유문 반전도 출토된 바 있다. 또한 반전 중에는 수면전(獸面塼)도 있는데, 경주의 한 건물 터에서 수습된 반전은 눈을 부릅뜨고 정면을 응시하는 모습이 표현되어 있었다. 고구려 고분벽화의 건물도(建物圖)에서 반전이 쓰인 예를 볼 수 있는데 원래 이런 반전은 벽전으로 분류되어야 마땅하리라 생각된다.

전 중에서 가장 대표적인 유형이 방전이다. 방전은 크기에 따라 소방전, 대방전으로 나눈다. 소방전은 그냥 방전이라 하고 소방전 두 배 크기의 정방형이나 장방형의 전을 대방전이라고 부른다. 그 밖에 포방전이 있는데 이것은 주로 기와 대신 여장(女墻) 등의 개전(蓋塼)으로 쓰인 데서 따로 포방전이라는 이름이 생겨났다.

방전은 주로 바닥재로 쓰였으며 무문전, 유문전, 녹유전이 있다. 신라시대의 유문 방전은 특히 아름답기로 유명하다. 안압지에서 출토된 조로명(調露銘)의 방전은 보상화문(寶相花紋)을 중앙에 큼직하게 넣고 그 네 귀에 각각 당초문(唐草紋)을 두어서 넉 장이 한 조(一組)가 되어 무늬를 이루게 만들었다.

또 방전의 측면에는 보상 당초문 사이에 쌍사슴이 마주하고 있는 무늬를 놓아 내려다보는 바닥뿐만 아니라 옆면에도 무늬를 놓아 유문 반전과 같은 용도로도 쓰이게 하였다. 이와 같은 유형의 방전은 경주의 임해전 터(臨海殿址)에서도 발견되었다. 신라의 방전은 바닥뿐만 아니라 벽체의 장식에도 사용하였다.

백제의 경우도 마찬가지였다고 본다. 그 실례로 부여군의 한 절터에서 발굴된 방전(山景紋塼, 獸面塼, 過雲紋塼, 龍紋塼, 蓮花紋塼 ; 부여박물관 소장)은 전내(殿內)의 바닥에 깔았다기보다는 벽면을 장식했던 것으로 본다. 이처럼 벽면을 쌓거나 장식한 전은 벽전이라고 할 수 있다.

그러나 백제에서는 벽체만을 쌓기 위한 특별한 상형전(箱形塼)을 만들어 썼다. 그 예로 부여읍 군수리 절터에서 발굴된 상형전은 쌓고 나서 몸체의 공동(空胴)에 나무를 끼든지 흙을 채워 보강하도록 만들어져 있다.

이 전은 기능을 충족시키는 동시에 표면은 정적인 연화문과 동적인 인동문(忍冬紋)을 조각하여 엇매겨 쌓았을 때 무늬에 변화를 줌으로써 아름다움을 더하려는 의도도 있었다.

이처럼 방형을 바탕으로 한 독립된 부조무늬를 조선조에 들어와서는 모자이크 기법으로 처리했다. 곧 꽃담 전체의 화면을 잘게 구획해서 전을 구워, 그것을 조립하여 벽면을 구성했을 때 전체 그림이 완성되도록 하는 기법이다. 경복궁 교태전(交泰殿) 후원의 아미산(峨嵋山) 굴뚝이나 자경전(慈慶殿) 뒤뜰의 십장생 굴뚝이 그 한 예이다.

조선조 이전에는 토제(土製)의 전에 녹유를 입힌 예가 있었다. 특히 고려시대에 청자의 제작이 활발했을 때에는 벽전을 청자와 같은 기법으로 만들어 내기도 하였다.

경복궁 집옥재(集玉齋)의 반월창(半月窓)이나 창경궁 낙선재(樂善齋)의 만월창(萬月窓) 또는 상량정(上涼亭) 옆의 만월 전축문과 같은 조영이 고려시대에도 있었다면, 그 윤곽을 강조하는 훌륭한 의장(意匠)이었으리라 생각된다.

벽체

꽃담은 크게 벽체와 담장 두 종류로 나눌 수 있다. 벽체란 건축물을 구획하는 벽을 말하며 담장은 울타리를 말한다.

벽체도 그 구조나 위치에 따라 네 가지로 나눈다.

온담

맞배지붕의 박공판 아래 기둥간살이의 전면을 다 싸바른 담을 온담이라고 한다. 이 온담에 무늬를 놓아 장식하기도 하고 영롱담, 사고석담, 벽돌담으로 쌓기도 한다.

반담

위의 박공판 아래 기둥간살이에 중방을 들이고 중방 아래를 사고석이나 영롱석으로 반반전을 쌓아 무늬를 넣은 것을 반담이라고 한다. 짙은 회색의 반반전을 쌓고 흰색 화장줄눈으로 조화를 이룬다. 벽돌 대신 기와로 무늬를 놓은 시골집의 반담도 운치가 있다.

화방담

처마 아래 기둥간살이에 높은 중방을 들이고, 그 아래로 반담을 쌓을 때 기둥까지 감싸서 튀어나오게 한다. 이 때 돌을 쌓아

키를 높인 위에 반반전을 쌓아서 구성한 것을 말한다. 외담, 사고
석담, 영롱담이라고도 하며 시골에서는 반반전 대신 기와로 무늬
를 놓아 치장하는 예도 있다.

고맥이

기둥 아래에 하방을 높직하게 걸면 그 아래를 싸발라 막아야
한다. 이 때 돌 한 켜와 흙 한 켜를 번갈아 쌓되, 수키와로 중간
에다 바람 구멍(風穴)을 내기도 하고 돌과 흙을 섞어서 깨진 기
와로 켜를 이루게 쌓는다.

또 반반전으로 반듯하게 쌓는 방식도 있다. 예를 들면 하방(下
枋)을 고상식(高床式)으로 높게 구조하는 등 그 집의 종류에 따
라 장식이 달라진다. 풍혈을 내는 방법도 여러 가지다. 풍혈을 비
워 두고 쌓는 경우도 있고 풍혈을 따로 구워 만드는 경우도 있다.

합각벽

팔작 기와 지붕에는 반드시 합각이 생긴다. 규모가 큰 집에는
거대한 삼각상(三角狀)의 합각이 형성된다. 여기를 외담 쌓듯이
벽을 만들어 막기도 하는데 궁실 건축에서는 특별히 관심을 두고
아름답게 장식한다.

어떤 면에서는 다른 어느 담장보다도 더 화려하게 꾸며졌다고
할 수 있을 정도이다. 이에 비해 일반 살림집에서는 아주 질박하
게 꾸몄다. 그렇다고 아름답고 격조 있는 조성을 소홀히 한 것은
아니다.

담장

외담

축대 등의 표면을 싸바른 담이다. 이 때 사용하는 재료 곧 돌각담이냐 토담이냐에 따라 장식 방법이 다르며, 화려하게 치장하기보다는 견고성과 기능을 위주로 하되 적절한 장식 요소를 베풀어효과를 낸다. 이런 담 중에는 전돌을 섞어서 쌓는 경우도 있다.수원의 화성에 외담형의 성벽이 있어 그 예를 보여 준다.

맞담

담장의 대부분이 맞담이다. 이른바 협축(夾築) 기법으로서 안팎을 동시에 쌓아 올려 안과 밖(內外 또는 表裏)에 벽면이 생기게 된다. 이 맞담도 재료에 따라 돌각담, 토담, 토석담(土石混築),사고석담, 전돌담, 면회담(面灰墻), 화장담(華墻) 등으로 구분한다.또 담 윗부분을 이엉으로 잇느냐 기와로 잇느냐에 따라 분류하기도 한다.

성벽 문루의 여장은 개전을 따로 만들어 덮기도 한다. 맞담의치장은 꼭 한 가지 재료만 쓰는 경우도 있지만, 두세 가지 혹은그 이상의 재료를 써서 꾸미는 경우도 있다. 이런 맞담은 화장줄눈으로 꾸미기도 한다.

꽃담은 벽체와 담장의 구조를 바탕으로 해서 치장을 하게 되므로 그 구조물의 조성법에 대해서도 깊이 이해해야 한다.

꽃담의 구조와 치장

벽체나 담장의 벽면을 아름답게 치장하는 것을 '무늬 놓는다'

라고 하며 무늬를 놓아 장식한 벽면을 통틀어 꽃담이라고 한다. 문헌에는 회면벽(繪面壁), 회벽화장(繪壁華墻), 화문장(華紋墻, 花紋墻, 畵紋墻), 영롱장(玲瓏墻)이라고 기록되어 있다.

우리말로는 이들을 모두 꽃담이라고 하나 한자어를 차용해서 화담, 화초담, 화문담이라고도 하며, 혹은 무늬담, 그림담이라고 부르기도 한다. 물론 지방에 따라 다르게 부르기도 한다.

쌓는 재료에 따라 그 구조와 치장을 살펴보기로 하자.

돌각담

바닥에 굵은 돌을 놓고 위로 가면서 작은 돌을 차곡차곡 쌓아 완성시키는 담장이다. 제주도의 민가에서 흔히 볼 수 있는 것으로 돌과 돌 사이에 흙을 메기거나 화장줄눈을 치지 않는 것이 특색이다. 돌만으로 쌓아 올리다가 중간쯤에서 수키와 둘을 맞대어 둥근 구멍을 내어 밖이 내다보이게 하기도 한다.

이것을 규칙적으로 몇 번 계속하면 그 자체로 훌륭한 장식이 된다. 원래 문이 있었던 자리에 담을 칠 때 그런 구멍을 만들어 주기도 하는데 문 자리를 완전히 막지 않는다는 관습 때문이다. 이렇게 수키와를 맞대서 둥글게 만들어 간격을 두고 계속해 나가면 해와 달과 별의 일월성신 무늬 담장이 되어 의미심장한 의도가 내포된다. 의미나 기능에서 중요한 부분은 벽돌을 쌓아 조화시키기도 하는데 남한산성에서 이러한 조화 있는 구조를 볼 수 있다.

토담

토담을 쌓는 데는 두 가지 방식이 있다. 하나는 둥글게 흙덩이를 빚거나 틀에 넣어 일정한 크기의 덩어리로 만들어 쌓아 올리는 방식이고, 또 하나는 널판지로 거푸집을 만들고 고정시킨 뒤

거기에 흙을 채워 밟아서 잘 다지고 어느 정도 굳으면 그 위에 다시 거푸집을 만들어 또 흙을 채워 다져 이를 단계적으로 연속해서 완성시켜 나가는 방식이다.

토담을 쌓을 때는 알맞은 돌을 쌓거나 깨진 기와를 넣어서 변화를 준다. 그러면 질박하면서도 멋진 장식 효과가 있다. 이것을 '눈박이한다'라고 한다.

흙덩이를 빚어 쌓을 때 흙을 한 켜 놓은 뒤에 깨진 암키와나 수키와 조각으로 일직선이 되게 눈박이를 나란히 하여 한 켜를 형성하고 그 위에 다시 흙덩이를 늘어놓아 켜를 이루게 한다. 이렇게 몇 번 되풀이하면 수평의 선이 중첩되는 멋진 무늬의 토담이 된다.

창의성 있고 솜씨가 좋은 사람은 기와의 곡선을 이용하여 직선이 아닌 파상선(波狀線)을 연속시키기도 하고 간단한 식물의 형태를 만들어 내기도 한다. 또 흙덩이를 타원형으로 만들어 한 켜는 머리가 왼쪽으로 가게 하고, 다음 한 켜는 반대편으로 머리를 두게 해서 변화를 주기도 한다. 구할 수 있는 자료에 따라서 여러 가지로 변화를 주어 갖가지 유형의 방식으로 표현하게 된다.

토석담

토석담은 크게 두 가지로 나눌 수 있다. 사용하는 돌이 자연석일 경우와 인공적으로 다듬은 돌을 쓰는 경우이다.

자연석을 그대로 쓰는 일은 단조롭다. 산이나 강가에서 알맞은 돌을 날라다 뉘어서 간격을 맞추어 쌓게 되므로 크고 작은 데서 오는 차이와 서로 이어져 가며 이루는 면적의 차이가 있을 뿐, 돌 그 자체로는 치장이 어렵다.

지금은 돌을 뉘어서만 쓰지 않고 세우거나 사선으로 경사지게 해서 돌 자체만으로 아름다운 구성이 되도록 하기도 한다. 예전에는 없었던 방법인데 다듬은 돌로 이렇게 쌓는다면 영롱석에 가깝게 될 것이다.

다듬은 돌의 크기를 일정하게 하는 방식과 크고 작게 만들어 적절히 조화 있게 쌓는 방식이 있다.

토석담은 이런 돌과 진흙 혹은 굴림백토 등과 엇바꾸어 쌓아올려 키를 맞추기도 하고 그 사이에 기왓조각을 넣어 변화를 주기도 한다. 토담과 마찬가지로 머리를 짚이나 억새, 이엉으로 덮기도 한다. 근래에는 기와를 이어 격조를 높이기도 하나 어울리는 일은 아니다.

사고석담

돌의 크기를 일정하게 다듬어 사용하는 방식이다. 사방 한 뼘정도의 크기로 반듯하게 다듬어서 표면이 정방형이 되게 한다. 속으로 깊숙히 들어가 단단히 박히게 하기 위해 몸체를 길게 다듬는다. 화방담 등 외담에서는 몸체를 얇게 하여 쌓기 편리하게 하기도 한다.

다듬은 돌은 새끼줄로 감는다. 새끼줄을 감는 까닭은 손가락을 끼고 들어 올리기 좋게 하기 위해서라고 한다. 또 명칭도 한 손에 두 개씩, 좌우 네 개를 동시에 든다고 해서 사괴석(四塊石)이라고 한다는 재미있는 해석도 있다.

새끼줄을 감은 채로 사고석을 올려 놓으면 새끼줄 두께만큼 옆의 돌들과 일정한 간격을 유지하게 된다. 이 간격에 삼화토를 빚어 넣어 돌 표면보다 높아지게 바르면 화장줄눈이 되는데, 이 때 새끼줄은 화장줄눈의 중깃과 같은 기능도 하게 된다.

사고석담은 장대석 기초 위에 쌓기 때문에 돌만으로도 변화가 생기는데, 사고석으로 어느 정도 쌓은 위에 반반전을 쌓아 올려 또 다른 변화를 주는 멋을 내기도 한다.

사고석 위에 쌓는 반반전은 아래쪽의 것은 운두가 높고 위로 갈수록 낮아진다. 운두가 같을 경우 눈에서 멀어지면 작아 보이기 때문에 벽돌의 운두를 체감시켜서 그 착시(錯視)를 증폭시키고 아울러 안정감을 배가시키려는 기법이다.

이런 기법은 대단히 높은 차원의 것으로 옛 건축에서는 여러 곳에 응용되고 있다. 또한 옛 건축에는 이 기법과는 반대되는 방법으로 착시를 막고 아울러 착각을 교정시키는 기법도 있다.

영롱석담

맞담의 영롱석(玲瓏石)은 자연석의 판석을 쓰는 수가 많다. 면이 고른 산석(山石)을 골라서 크고 작은 돌들로 틈을 맞추어 쌓게 되는 방식인데 돌의 간격이 거의 밀착되도록 다듬어 사용하기 때문에 화장줄눈의 두께가 일정하게 된다. 화장줄눈은 사고석담에서와 마찬가지로 돌 면보다 돌출되도록 두껍게 싸바른다.

낙선재 아래의 영롱석은 전돌로 구워 만든 것이다. 돌이 마땅찮은 경우에 전돌로 돌의 형상을 만들어 쓴 예이다. 돌과 돌 사이를 넓게 띄우고 그 사이에 삼화토를 넣어 메우면서 전돌과 다른 색조가 드러나게 한다. 꽃담으로서는 구성이 뛰어난 것 중의 하나로 얼핏 보면 천연의 돌로 오인하기 쉽다.

화문장

서울의 일반 살림집에는 으레 안마당 한쪽에 아름다운 꽃담이 있다. 장독대와 어울리기도 하고 굴뚝과 연계되기도 해서 이들 꽃담은 매우 운치가 있다. 더욱이 윤곽선 내구(內區)에 잘생긴 소나무나 십장생무늬가 생동감 있게 표출되어 있어 바라다보면 저절로 감탄이 나온다.

이런 꽃담을 그림담 또는 화문장이라고 부른다. 돌을 쌓은 부분

위쪽에 사벽질(再砂壁)을 해서 담장의 표면을 평평하게 하고 그 위에 그림을 그렸기 때문에 구분하여 부른다. 일종의 벽화에 해당한다고 할 수 있는데 이 담은 전돌로 쌓는 꽃담에 비하면 건축비가 덜 든다. 격조가 높지는 못하나 생동감이 있어 오히려 효과적이다. 좁은 안마당밖에 없는 집에서는 이런 방식으로 생동감 있는 변화를 주어서 활력을 불어 넣었다.

화문장

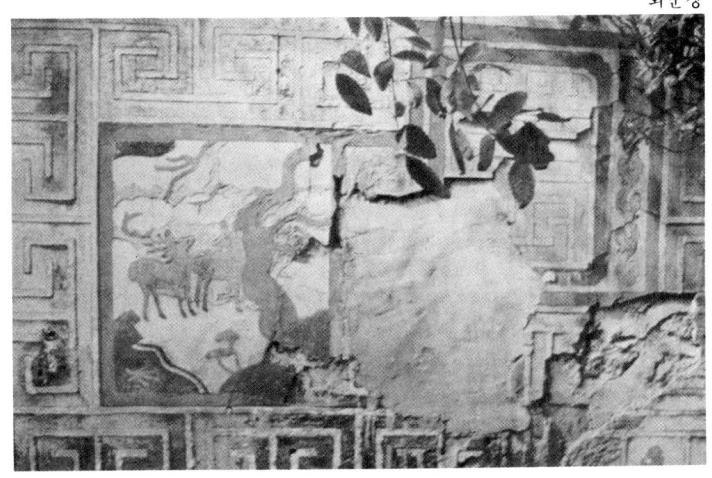

꽃담의 무늬

인간은 자연이라는 환경 속에서 살아왔다. 그러나 현대에는 자연보다는 인공적인 환경에서 산다고 해야겠다. 옛날에는 내가 사는 경계 곧 환경은 삼라만상이 살아서 숨쉬는 대자연이었다.

살아 있는 환경이기에 잠시도 쉼없이 변화했다. 주기적인 변화도 있고 돌연한 변화도 있었다. 따라서 그런 환경 속에서 사는 인간은 변화에 대처해야 했기에 내게 유익한 환경이 조성되기를 바랐고 또 그렇게 노력했다.

인지가 발달하면서 이런 생각이 더욱 적극적으로 대두되어 불리하면 피하고 부족하면 보완할 방도를 궁리하게 되었다. 불리함을 피하는 것은 곧 환경의 선택이고, 부족의 보완은 곧 환경의 인공적인 조성이다.

환경 조성에는 오랜 경험과 지혜가 응용되었다. 대자연의 조화를 경험한 끝에 지혜가 생겼고 그 지혜로 신을 알게 되어 자연과 신의 섭리에 대처하고 순응하는 방안을 터득하게 되었다. 신을 자기편으로 삼고 자신에게 유리한 환경이 오래 지속되기를 바랐다.

그래서 신에게 제사를 지내고 그런 인간들을 질시하는 귀신을 막는 방안(辟邪)을 궁리하게 되었으며 한국의 꽃담 무늬에는 이런 뜻과 사상이 담겨 있다. 꽃담의 조성과 그 무늬가 단순한 장식이나 미적 표현이 아니라 이런 깊은 뜻의 표현임을 알아야 한다.

무늬의 종류

반전이나 반반전으로 구성한 무늬에는 일반적으로 점선과 직선의 구성이 많다. 전을 맞대서 연속시키면 직선이 되고, 전의 이음 사이를 화장줄눈으로 메우면 단절이 생기면서 점선이 된다. 살림집에서 전돌 대신에 기와를 써도 같은 예가 된다.

점선무늬

신륵사(神勒寺) 구광루(九光樓)의 합각에 점선무늬의 구조가 있다. 큰 삼각상의 합각은 흰색의 삼화토 바탕에 기왓조각(파편)으로 띄엄띄엄 무늬를 배열하고 그 아랫면은 알맞은 돌들로 구성하였다. 자연히 기와 파편과 돌들은 일정한 간격을 둔 점선무늬가 되었다.

점선으로 기반을 완성하고 수키와와 암키와로 영락(瓔珞)처럼 좌우로 벌리고 아래로 드리워지게 했다. 정상에는 '上'자를 새겼다. 상천(上天)이 거기에 있다는 뜻이다.

또 꽃담의 점선무늬 중 백미는 일월성신의 무늬라 하겠다. 기와로 무늬를 형성하면서 둥글게 다듬은 화강석 세 개로 해, 달, 별을 표현했다. 별의 표현을 지금은 5각형의 날카로운 것으로 그리지만 전에는 둥글게 그렸다.

고구려의 고분벽화나 가야, 고려, 조선조의 그림이나 조각에도 별은 둥글게 표현되어 있다. 건축에서는 돌을 둥글게 다듬어서 썼다. 백제시대 건물 터에서도 둥근 돌에 용(龍)을 새긴 유품이 나왔다. 일월성신을 무늬로 구성한 예는 조선조 태조의 능(健元陵) 곡담(曲墻)에서도 볼 수 있다. 또 세조가 시주(施主)하여 이룩한 낙산사의 담장에도 있다.

이러한 점선무늬가 직선무늬와 어우러져 있는 경우도 많아서 직선과 점선의 조화는 궁실 굴뚝 등의 구조물에서 볼 수 있다.

직선무늬

전을 맞이음하여 화장줄눈을 쓰지 않고 곧은 선을 이루게 하는 기법을 쓰면 직선무늬가 된다. 이런 직선무늬는 윤곽선을 두르거나 강조할 때 주로 쓰인다.

직선은 아니지만 맞이음한 구조 중에 넝쿨무늬도 있다. 창덕궁 인정문 서쪽에 이어져 있는 담 중에 중앙의 넝쿨무늬를 직선무늬로 테두리한 예가 있다.

덕수궁 유현문(惟賢門)의 꽃담에는 반반전의 점선무늬를 붉은색 벽돌로 테를 둘러 직선을 이루었는데 사고석과 기와 지붕이 이 붉은 선으로 분명히 드러나 보인다.

또 유현문의 홍예에도 붉은색 반반전으로 윤곽을 구조한 부분이 있다. 이 윤곽선으로 해서 홍예를 짠 벽돌과 넓은 윗부분 좌우 운룡문(雲龍文)의 도판 모습이 뚜렷하다.

직선무늬는 단순한 일직선으로만 표현하는 것이 아니라 모서리에서 매듭을 짓듯이 꾸미기도 한다. 매듭 역시 시작과 끝이 없는 무시무종의 무늬라 할 수 있다. 단순한 직선만으로는 너그러운 여유가 없고 너무 진솔하다. 그래서 무시무종의 무늬를 창안해 낸 것이다.

반반전을 무늬로 삼는 경우도 있고, 반대로 화장줄눈을 무늬로 삼는 기법도 있다. 또 화장줄눈과 전의 너비를 같게 하는 경우도 있고 화장줄눈을 반반전 두께의 반으로 잡는 경우도 있다.

무시무종의 직선무늬에 대나무의 마디와 같은 단절(短節)무늬의 조화도 구성해 볼 수 있다.

직선과 면의 무늬

꽃담 무늬에는 점선무늬라고도 할 수 없고 직선무늬라고도 할 수 없는 것도 있다. 전을 바탕으로 볼 때 화장줄눈은 분명히 직선과 점선무늬지만, 화장줄눈을 바탕으로 볼 때는 반반전이 무늬가 된다. 이런 경우 직선과 면의 조화를 볼 수 있다. 즉, 화장줄눈으로 면을 구획하거나, 반반전으로 구획하여 면을 무늬로 구성하는 기법으로 미묘한 아름다움을 자아낸다.

이런 무늬 중에 석쇠무늬가 있다. 육각형의 연속 무늬를 두고 하는 말이다. 거북의 등무늬(귀갑무늬)와 같다. 문짝, 철엽(鐵葉)

덕수궁 꽃담의 무늬

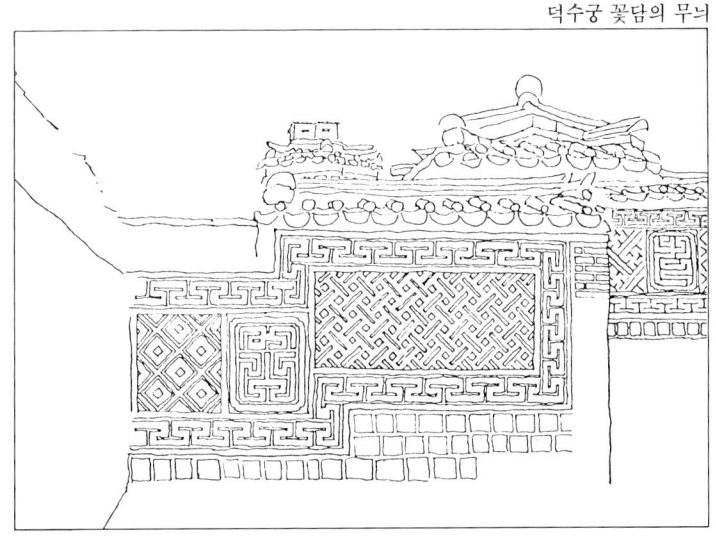

직선과 면의 무늬

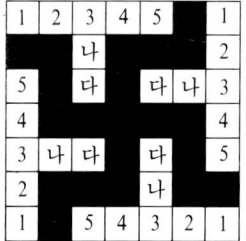

1	2	3	4	5		1
		나				2
5		다		다	나	3
4						4
3	나	다		다		5
2				나		
1		5	4	3	2	1

卍자무늬의 구성법

에 이런 무늬를 놓으면 비늘(魚鱗)이라고 하고, 금속이나 나전칠기에서는 벌집무늬라고 하지만 건축에서는 석쇠무늬라고 한다.

이 무늬가 그물을 엮은 모양과 같다고 해서 벽사무늬로 본다. 곧 온갖 악귀가 이 그물에 걸린다고 생각했던 것이다. 그래서 괴

질(怪疾;전염병)이 돌 때 대문이나 방문 위에 체를 걸어 두는 관습도 이런 데서 생겨난 것이다.

담에 석쇠무늬를 놓은 본래의 뜻도 이런 벽사를 위한 것이다. 이처럼 방어를 강력히 하면서도 그 중앙에 꽃무늬를 놓은 것은 일단 물리친 뒤에는 다시 환한 꽃처럼 행운이 가득하라는 길상(吉祥)을 상징하고 있는 것이다.

이런 길상의 표현도 가지가지이다. 어떤 것은 솔직하게 길할 길(吉)자를 새겨 직선적으로 표현하는 경우도 있다. 이처럼 글자로 표현되는 길상무늬는 궁궐에 많다. 직선으로 테를 둘러 사각형(方區)을 구획하고 흰색으로 면회(面灰)한 바탕에 전돌로 '만수무강(萬壽無疆)'이니 '수복강녕(壽福康寧)'이니 하는 덕담을 새긴다.

일반 살림집에서도 그런 예를 볼 수 있다. 바탕이 되는 화장줄눈의 넓이와 글자의 획이 되는 전돌의 폭은 1:2로 잡는다. 이런 글자 좌우는 석쇠무늬나 태극무늬 등 보통 좌우를 서로 다른 무늬로 꾸민다. 태극무늬는 운기(運氣) 곧 우주의 진리를 표현한 무늬이며 그 표현법도 두 가지가 있다.

이런 운기무늬는 ㅏ·ㅓ·ㅗ·ㅜ의 구성 원칙에 따라 7×7→49칸을 이루는 방안(方眼) 속에 3·5의 조합으로 조립하면 그 바탕에 卍자무늬가 저절로 드러나게 된다. 천지조화의 이치를 표현한 것이다. 봄, 여름, 가을, 겨울의 조화가 이 운기무늬에 함축되어 있음을 표현하여 나란히 놓은 예도 있다.

곡선무늬

기와를 이용한 꽃담에는 점선이나 직선과 함께 곡선무늬가 많다. 암키와나 수키와가 원주의 2분의 1, 4분의 1이므로 기능적으로 다양한 곡선을 지니게 된다.

기와의 곡선을 이용하여 무늬를 구성할 때는 깨지지 않은 기와와 깨진 기와를 적절히 이용했다. 같은 암키와 곡선이라도 긴 것과 짧은 것 또 암키와와 수키와는 서로 다른 곡선이 생긴다.

암키와의 곡선은 넓고 완만한 데 비해 수키와의 곡선은 강하면서 짧다. 이 점을 곡선무늬에서 적절하게 활용했다. 즉 깨진 암·수키와의 조각으로 난상(亂狀)의 무늬를 만들기도 하고 곧은 쪽을 이용해서 '수복'의 길상무늬를 점정(点睛)하듯이 무늬를 놓기도 한다. 또한 살림집에서는 기왓조각으로 꽃무늬를 구성하기도 한다.

궁실의 꽃담에서는 곡선무늬를 구성할 때 밑그림에 따라 무늬 자체를 전으로 구워서 사용한다. 경복궁 교태전 뒤 아미산의 육각형 굴뚝의 넝쿨무늬가 그 좋은 예이다. 이런 예는 경복궁 자경전 뒤꼍의 십장생 굴뚝에서도 볼 수 있다.

무늬의 표현 기법

꽃담의 무늬 표현 기법은 크게 세 가지로 나눌 수 있다. 하나는 반복되는 직선과 곡선 그리고 점선과 면으로 형성하는 것이고, 둘째는 형체를 평면적으로 묘사해 내는 형상무늬 기법, 세째는 부조나 투조의 입체적인 기법이다.

이런 꽃담의 기법이 벽체나 지붕의 합각에서도 활용된다는 것은 앞에서도 언급한 바와 같다. 현존하는 작품을 통해 당시 도예가들이 의도했던 미학이나 사상을 이해할 수 있다. 이러한 사상은 오늘날의 우리들에게 큰 감동을 주는 동시에 현대 도예에 대한 자극이 되기도 한다.

형상무늬

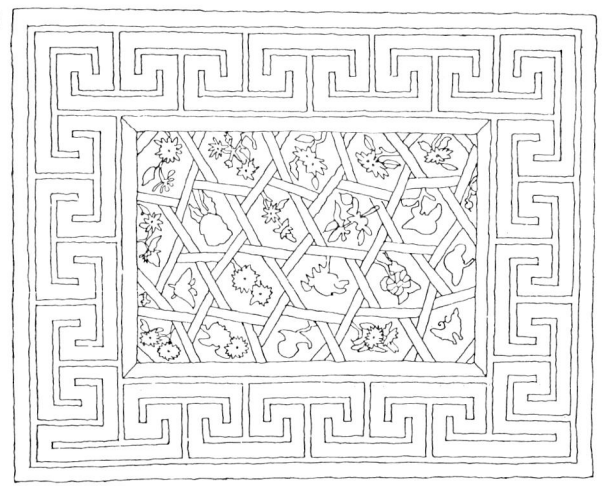

형상무늬

직선으로 구획하여 만들어진 면 속에 여러 가지 무늬를 자유롭게 표현하는 유형을 형상무늬 기법이라고 한다. 이런 형상무늬 기법에는 두 가지 방법이 있다. 곧 밑그림에 따라 흙을 빚어 형상을 만들어 굽는데, 하나는 무늬로 쓸 형상만을 만들어 담에 만들어진 바탕에 끼워 넣는 방법이고, 또 하나는 바탕까지 만들고 그 바탕에 형상이 돌출되도록 부조하는 방법이다.

형태만 만들 경우는 쌓은 담에 감입(嵌入)시킨다. 즉, 형상무늬를 벽면과 같이 설치하고 벽면보다 안으로 들어간 바탕 부분을 삼화토로 싸바르면 형상이 또렷이 드러나 보이게 된다. 이런 기법을 면회법(面灰法)이라고 한다. 이 면회법에 익숙해지면 아무런 제약 없이 무엇이든지 자유롭게 표현할 수 있다.

덕수궁 유현문 홍예 좌우에 면회한 운룡무늬가 있다. 구름이 떠 있는 창공에 여의주를 물고 있는 용을 형상화한 것이다. 구름과 용의 형상 이외의 부분(바탕)을 면회하여 운룡이 선명하게 드러나 보인다. 이 운룡무늬가 있는 쪽이 동쪽이며 문의 뒤쪽이 된다. 문 앞쪽에는 불로초를 입에 물고 구름 속을 날고 있는 새를 형상화했다. 아마도 장수를 상징하는 학을 표현한 것 같다. 직접 그린 그림처럼 생동감 넘치는 표현이다.

경복궁 자경전 서쪽 담에도 훌륭한 구성물이 있다. 이 중에는 꽃이 핀 늙은 매화나무 가지에 달이 걸려 있고 새가 달을 맞이하는, 한 편의 시와 같은 표현도 있다. 이 형상은 밑그림에 따라 조각한 뒤 여러 조각으로 잘라서 구워 냈다. 여러 조각을 따로 구워서 색이 조금씩 달라졌고, 조립했을 때 색에 변화가 생겨 더욱 운치가 난다. 단조로운 색이 아니라 여러 색이 조화를 이루게 되었다. 이 역시 바탕은 면회하도록 방형으로 구워져 있다.

창경궁 석복헌(錫福軒) 뒤뜰 샛담(間墻)에 일각문이 있다. 이 담 한쪽에 포도무늬가 있는데 역시 같은 기법으로 이루어진 것이다. 이 포도무늬는 별다른 뜻을 지닌다.

곧 조선조 임진, 병자의 두 난리에 많은 사람이 죽었다. 백성의 수가 적다는 것은 국력의 감소를 뜻한다. 그래서 인구를 늘리려면 아이를 많이 낳아야 했으며 주렁주렁 열리는 포도송이가 곧 다산(多産), 다남(多男)을 상징하는 까닭으로 뒤꼍 여인들이 다니는 자리에 이런 무늬를 놓았다. 이로써 다산을 글자로 표현하는 것보다 훨씬 은근하고 함축성 있는 표현이 되게 하였다.

포도의 형상은 그림으로 그린 것과 별 차이가 없을 만큼 사실적이다. 조선조의 전을 만드는 기술이 어느 정도의 수준이었는지를 단적으로 말해 주고 있다. 흔히 조선조 전돌은 삼국시대나 통일신라는 말할 것도 없고 고려시대만도 못한 수준이었다고 평가하지만 실상은 여기에서 볼 수 있듯이 뛰어난 수준이었다. 단지 임진왜란과 병자호란 등으로 국가 경제가 파탄에 이르면서 제조 공급되던 것이 단절되고 일부에서만 사용되었기 때문에 수준이

떨어진 듯이 인식되었을 뿐이다.

면회법 중의 걸작은 경복궁 자경전 뒤꼍의 십장생무늬 굴뚝이다. 샛담에 이어져 있는 굴뚝에는 십장생무늬와 함께 사군자까지 있는데 그 표현력과 구도가 대단하다. 흥선 대원군이 당백전(當百錢)까지 풀어가며 중건(重建)한만큼 경복궁에는 대단한 구조물들이 가득 차 있었다. 이 십장생무늬 굴뚝은 그 중의 하나일 뿐이다. 오늘날에는 다른 전각의 구조물들이 모두 없어진 뒤여서 남아 있는 이것들이 뛰어나 보이지만 다 갖추어져 있던 시절에는 이보다 더 훌륭한 꽃담들이 허다하였을 것이다.

부조무늬

십장생 굴뚝에는 면회한 무늬의 아래위로 또 다른 무늬의 도판들이 있다. 형상을 부조시킨 무늬 도판이다. 면회에서 싸바르기 이전의 모습과 같은 것인데, 면회법 때와는 달리 바탕이 벽면과 일치하고 부조된 부분이 벽면보다 밖으로 튀어 나오는 입체적인 효과를 냈다.

이 십장생 굴뚝에서는 부조법도 두 가지로 구사하고 있다. 하나는 보편적인 부조법에 따라 형상만 돌출시킨 것이고, 또 하나는 형상의 둘레에 선을 둘러 정리한 것이다. 십장생 굴뚝에서는 윤곽선이 있는 부조를 아래쪽에 구성하고 윤곽선이 없는 부조물은 위쪽에 배치했다.

아랫부분의 윤곽선이 있는 무늬는 불기(火氣)를 잡아먹는다는 불가사리 형상이다. 좌우로 둘을 배치하였는데 서로 대칭을 이루고 있다. 불가사리는 얼굴을 돌려 뒤편을 응시하고 있다. 윤곽선은 굵은 테에 가는 실각을 받쳤고 네 모서리에 연귀(燕口)한 모양까지 표현하였다.

윗부분에는 세 개의 무늬판이 나란히 있는데 중앙은 해태무늬이다. 광화문 밖에 두 마리의 해태가 멀리 관악산을 응시하고 있는 것을 볼 수 있는데, 이는 해태의 신통력으로 불기를 아예 꺼 버리려고 했듯이 십장생 굴뚝의 화기도 이 해태의 신통력으로 억제되기를 바란 것이다.

좌우에는 불로초를 입에 문 학이 날고 있는데, 불기가 억제되었으니 무궁한 세월을 축복하는 것이다. 또 한편에는 박쥐가 있어 더불어 복도 누리겠다는 소망이 표출되어 있는 것이다. 이렇듯 길상 초복, 벽사무늬가 고루 구색 갖춰져 있다.

십장생 굴뚝의 이웃에 또 다른 굴뚝이 있다. 자경전 서편에 왕비의 침전(寢殿)이었던 교태전의 굴뚝이다. 뒤꼍의 아미산은 인공으로 만든 동산으로 경회루의 연못을 파 낸 흙을 옮겨다 쌓아서 만들었다고 한다. 이 뒷동산에 교태전의 굴뚝이 있는데 육각기둥 구조로 이미 현재 남아 있는 굴뚝 중에서는 가장 화려한 것이다. 이 굴뚝에도 면회한 무늬판과 함께 그 위와 아래로 부조 도판들이 삽입되어 있다. 각 면마다 모두 조화가 이루어져 있어 여섯 면을 평면으로 펼친다면 아름다운 한 폭의 그림이 될 것이다. 이런 굴뚝이 네 개 나란히 서 있다.

전으로 쌓은 문에도 부조된 무늬 도판 장식이 있다. 그 예로 낙선재 뒤뜰의 전축문 부조 도판이 있다. 용을 마치 구름처럼 형상화시켰다. 구름과 용이 한덩이로 용융되어 구름도 아니고 용도 아닌 모습이 되었다.

경복궁 자경전 동쪽의 샛담에도 전축문이 있는데 동쪽면 벽에 홍예 좌우로 봉황의 부조 무늬판이 있다. 가는 선으로 조각해서 세부까지 선명하게 드러나 보이도록 만든 정교한 것이다.

경복궁에는 동서남북에 사대문이 있었다. 지금도 동쪽에 건춘문(建春門)이 있는데 성벽에 이어진 높은 육축(陸築)이 있고 그 중앙에 홍예문 하나가 큼직하게 열려 있다. 육축은 좌우에 설비된 돌층층다리로 올라가게 되어 있는데 이 층계 끝에 작은 협문이 열려 있다. 문에 이어 여담을 쌓았고 여담 안에 단층의 문루를 세웠다.

협문은 전축 구조이고 홍예문을 만들었다. 그 홍예문 정상부에 두툼하게 부조한 여의주가 있다. 구름 속에 떠 있는 모양이다. 홍예의 좌우 벽면에는 용이 한 마리씩 부조되어 있다. 홍예를 향하여 달려드는 형상이다. 또 이 협문의 측면에는 넉 자씩의 문자를 부조했다. 위치에 따라 문자의 내용이 각기 다르다.

부조한 무늬판은 조선조에만 있었던 것은 아니다. 삼국시대 이래의 반반전과 방전에도 부조된 무늬가 있었고 그 무늬들은 구도와 표현이 뛰어난 걸작들이다.

꽃담의 구성

담과 문

울타리를 쌓아 담을 만들었으니 출입할 문이 필요하게 된다. 문을 크게 달면 대문(大門)이라 하고 대문 안쪽에 다시 내면 중문(中門)이라 부른다. 쉽게 다닐 수 있게 문을 살며시 내면 편문(便門)이라 하고 대문 옆에 따로 조그만 문을 내어 평상시 출입하게 만들면 협문(夾門)이라 부른다.

큰 대문의 키가 행랑채와 같으면 평문(平門)이라 하고 행랑채보다 높이 솟아오르면 솟을대문이라고 부른다. 솟을대문 셋이 연속되어 있으면 솟을삼문이라 해서 평삼문(平三門)과 구분하고 솟을대문의 기둥이 넷이면 사주문(四柱門)이라 한다.

시골의 부잣집이나 벼슬이 높아 행세하던 집의 대문은 솟을대문이다. 바깥 행랑채가 좌우로 달려 있어 마치 학이 나래를 펴고 머리를 살짝 들어 날아오를 듯한 형상이다. 그 학의 나래 깃에 해당되는 부분에 화방담을 쌓고 꽃담으로 장식한다. 살고 있는 사람이나 찾아오는 사람이 모두 함께 즐기자는 뜻으로 쌍희(囍)자를 길상무늬로 놓았다.

일각문과 담

시골의 소박한 집은 솟을대문이라도 키를 살짝 낮추어 일각대
문처럼 만든다. 조촐한 주인의 심성을 엿볼 수 있다. 이런 집에서
는 주인의 의도에 따라 꽃담 대신에 토석의 맞담을 쌓기도 하나
담이 완강해 보여 마치 요새를 방불케 한다. 이런 집은 마을의 가
장 깊은 곳 막다른 골목 끝에 대문이 서게 된다. 안신보명(安身保
命)하려는 뜻이 담겨 있는 것이다.

이런 집들의 후원이나 사랑채로 통하는 작은 문이나 샛담에 달
린 작은 문을 일각문(一角門)이라고 한다. 이런 일각문은 살림집
에만 있는 것이 아니고 궁궐에도 있다. 중요한 전각마다 둘레에
행각(行閣)과 담장을 치고 일각문을 내어 내전으로 통하게 한다.
그야말로 구중궁궐답게 담도 많고 문도 많다.

솟을대문

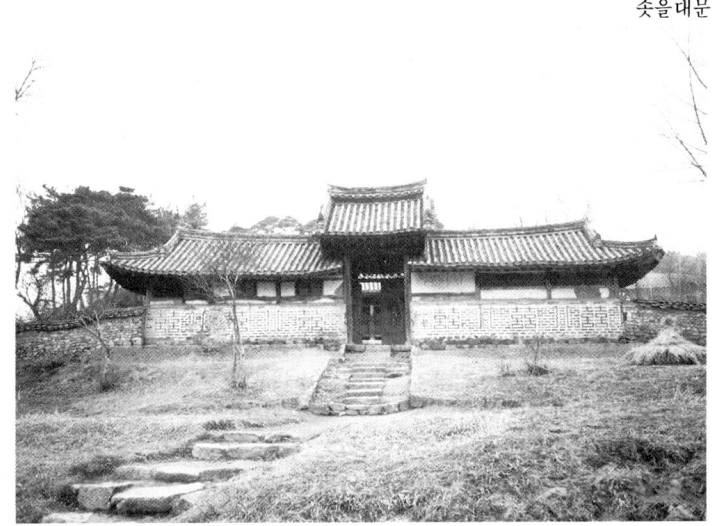

지금 남아 있는 서울의 궁궐에는 그런 전각과 담과 문이 거의 다 없어져서 구중궁궐을 실감할 수 없지만 문과 담장은 약간 남아 있다. 지금의 덕수궁(옛날의 慶運宮)에도 약간의 문과 담장이 남아 있다.

덕홍전(德弘殿) 서편으로도 담장과 일각문들이 있으며 그런 일각문 좌우에는 꽃담이 있다. 이 꽃담은 서로 다르게 구조되어 있는 비대칭의 구조이면서 산만하지 않다. 좁은 쪽이 넓은 벽면의 반 정도로서 역시 계획적인 구도임을 알 수 있다.

일각문은 나무로 짓는 것이 보통이다. 그러나 삼국시대 이래의 법식을 계승하여 전돌로 문을 만든 예도 적지 않다. 창경궁의 낙선재에서 수강재(壽康齋)로 나서는 뒤꼍에 있는 일각문도 그런 전축문이다. 그러면서도 본격적인 전축문의 구조가 아니라 목조의 일각문을 본떠서 만든 특성을 보여 준다. 이 전축문의 좌우는 대칭을 이룬 꽃담으로 되어 있어 화려하다.

전축문과 담

전축문은 낙선재에서 상량정(上凉亭)으로 가는 길에도 있고, 창덕궁 대조전에서 가정당(嘉靖堂)으로 올라가는 길에도 있으며, 경복궁 자경전이나 덕수궁 덕홍전의 서쪽 담에도 있다. 덕수궁의 전축문은 유현문이라 부르는데 잘 치장된 장엄한 꽃담이 좌우에 있다.

전축문의 규모가 커지면 성벽의 암문(暗門)이 되기도 한다. 수원의 화성은 정조 때 경영된 것인데 실학자들의 주장대로 성벽을 전으로 쌓았다. 여느 성과는 다른 새로운 시설이 많으며 여러 곳에 암문을 내어 몰래 드나들기에 편리하도록 하였다.

여러 전축문 중 창경궁 상량정에서 창덕궁 승화루로 나서는 샛담의 도판 모양이 특출하다. 둥근 달을 연상케 하는 문 얼굴을 내

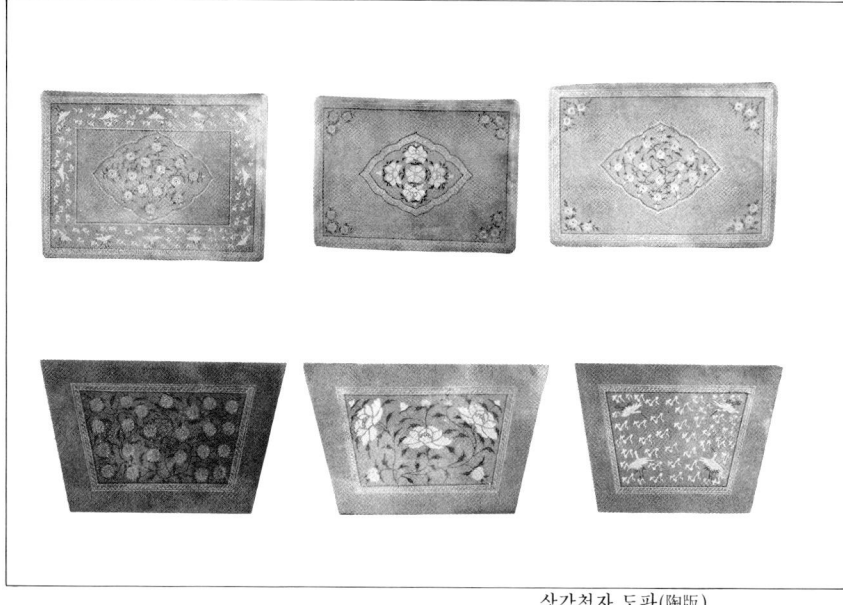

상감청자 도판(陶版)

어 출입하게 만들었다.

만월문처럼 생긴 만월창도 있다. 경복궁의 집옥재 뒷벽에 있는 창이 그것이다. 전돌로 쌓았고 창 얼굴만은 화강암으로 다듬은 것을 사용하여 눈에 띄게 하였다. 이런 장식 창은 고려에도 있었다.

그 예로 지금 경복궁에 옮겨 놓은 지광국사(智光國師)의 사리탑인 현묘탑(玄妙塔)에 새겨져 있는 건축의 여러 표현 중에 화두창(火頭窓)이라는 구조의 창도 있다.

고려시대 건물에 이런 창들이 있었다는 것은 이미 널리 알려진 사실이다. 특히 고려청자로 창의 얼굴을 장식하였으리라 보이는 상감청자 도판(陶版;이화여대 박물관 소장)은 충분히 그런 추정을 가능하게 한다.

이런 도판은 장방형과 사다리꼴의 두 가지 형이 주류를 이루고 있는데, 사다리꼴의 도판을 홍예(虹霓)의 종석(宗石)과 같은 용도로 썼던 것으로 볼 수 있다. 이 도판들은 국화, 운학(雲鶴), 운룡(雲龍), 포류수금(蒲柳水禽) 등의 무늬를 음각하거나 상감했다. 또 더러는 목단을 진사채(辰砂彩)하기도 했다.

이 사다리꼴 도판 여덟 장을 연결시키면 훌륭한 팔각 원창(圓窓)의 문 얼굴이 만들어진다. 만약 문의 규모를 크게 하려면 열여섯 장을 연결시키면 거의 완전한 만월창이 만들어진다.

고려 의종(毅宗)은 양이정(養怡亭)의 지붕을 보상화무늬가 양각된 비색 청자 기와로 이었다고 하니 그 정도라면 창 얼굴을 청자 도판으로 장식하고도 남았으리라고 생각된다.

홍예문과 담

홍예 종석을 사용하여 만든 홍예문도 있다. 전축문과 같은 유형의 문이지만 전 대신 돌로 쌓은 문이다. 경복궁의 광화문이나 숭례문(남대문)의 성문이 그 예이다. 홍예의 구조법은 삼국시대에 이미 발달해 있어서, 백제 무령왕릉을 비롯한 전돌로 쌓은 고급 구조가 홍예형이다.

수원 화성의 방화수류정은 장수가 올라서서 전투를 지휘하는 장대(將臺)로서 아주 재미있게 생겼다. 목재, 석재 그리고 전돌로 지었는데 전쟁용 건물치고는 매우 서정적이다.

전쟁 때 몸을 숨기고 총을 쏘게 만든 공간으로 들어가는 문이 홍예문이고 꽃담의 치장이 있다. 높은 마루 아래 반담처럼 반반전으로 벽체를 쌓고 중간중간에 十자형의 투창(透窓)을 내고 그것을 삼화토로 채워 무늬로 삼았다. 회흑색의 전돌과 흰 삼화토 색의 변화가 잘 조화되어 十자무늬와 어우러져 특이한 멋을 낸다.

또 면이 고른 전돌의 표면과 거칠거칠한 삼화토의 면이 좋은 대비를 이루고 있다. 이처럼 전돌로 쌓은 꽃담은 화장줄눈의 효과를 잘 살려 더없는 멋을 풍기게 하는데 이런 기법을 면회법이라고 한다.

굴뚝의 치장

한옥에는 그 규모나 격식에 걸맞는 굴뚝이 있다. 그 굴뚝들은 한결같이 아름다워 세계 제일의 아름다운 굴뚝을 구조하는 나라라고 할 수 있을 정도이다. 한옥의 특색은 구들과 마루가 공존한다는 점이다. 구들은 북방에서 매서운 추위를 견디기 위해 고안하여 발달된 난방법이다.

소박한 굴뚝

구들은 아궁이와 고래와 굴뚝의 세 가지 요소로 구성된다. 나무를 많이 때는 북방의 굴뚝은 아궁이의 반대편에 우뚝 솟아 연기를 뽑아 낸다. 연기 배출이 좋지 않으면 연기가 오히려 아궁이로 나오게 된다. 추위가 덜한 남쪽으로 내려오면 나무를 조금 때도 되므로 굴뚝도 그만큼 작아진다. 중부 이남에서는 구멍만 내어 연기를 뽑아 낸다. 제주도에 이르면 굴뚝 자체가 아예 없어진다.

전북 김제에 있는 귀신사(歸新寺) 요사채의 굴뚝은 고려시대의 수키와와 조선시대의 수키와를 맞세워 만든 것이다. 역사 깊은 건축물에서나 볼 수 있는 무심한 작업이다.

깨진 암키와 조각으로 굴뚝을 쌓기도 하는데 절에는 이런 굴뚝이 많다. 절에서는 전각을 유지하려면 수십 년에 한 번씩은 기와를 다시 이어야 한다. 그 때마다 수많은 기왓조각이 모이게 마련

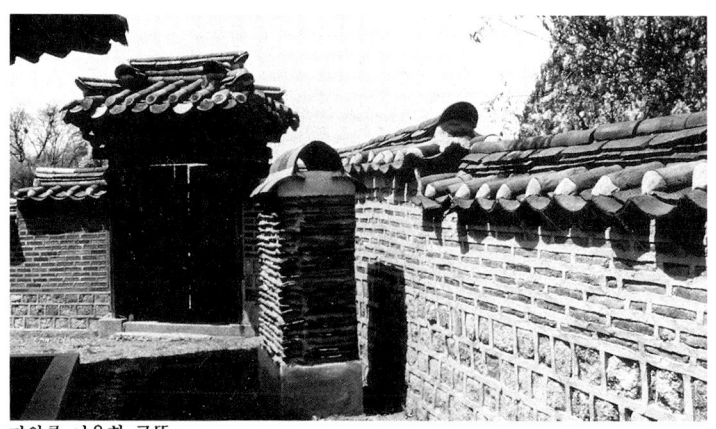
기와를 이용한 굴뚝

인데 그런 것을 이용한 것이다.

또 기와가 넉넉지 못할 때는 돌과 옹기 조각을 섞어서 쌓기도
한다. 또 옹기 자체를 연가(煙家)로 쓰거나 수키와 석 장을 맞대
어 원통을 만드는 재미있는 착상도 있다. 이렇듯 소박하면서도
은근한 멋과 운치가 있는 굴뚝의 예는 얼마든지 있다.

전축의 굴뚝과 치장

소박한 굴뚝과는 대조적으로 전돌로 쌓은 또 다른 멋을 풍기는
굴뚝도 있다. 요사이 볼 수 있는 전축 굴뚝의 대부분은 19세기에
쌓은 것들이다.

헌종(憲宗) 13년(1847)에 완공된 지금의 낙선재 뒤꼍에 굴뚝
하나가 높다랗게 서 있는데, 화강석을 다듬어 쌓은 화계(花階) 위
에 세워져 있다. 장대석으로 자리를 마련하고 그 위에 12켜의 받
침을 쌓고 다시 그 위에 30켜의 반반전을 쌓아 몸체를 구성했다.

몸체의 너비가 넓은 쪽엔 일곱 장의 반반전을, 좁은 쪽엔 두 장
의 길이로 쌓은 장방형이다. 몸체 위에 띠를 두어 경계를 삼고 연

기 빠져 나갈 연구(煙口)를 만들었다. 지붕은 기와를 잇지 않고 좁고 긴 평면을 이루게 했다. 이는 화계 넓이의 제약 때문이다.

굴뚝 받침 부분 남쪽 면 중앙에 테를 둘러 윤곽을 짓고 중심에 '壽'자를 새겼다. 글자를 직선 테로 두르고 그 좌우는 넝쿨무늬로 장식했다.

이런 글자를 구성할 때는 방안선(方眼線;모눈)을 긋고, 모눈 두 칸 너비의 전을 글자의 획으로 삼고 모눈 한 칸 너비의 화장 줄눈을 바탕으로 하면 반듯한 글자가 된다.

이런 굴뚝에는 기와 지붕을 구성하기도 한다. 고종 말년에 지은 덕수궁(경운궁)의 굴뚝이 그렇다. 특히 함녕전(咸寧殿) 뒤꼍의 굴뚝은 매우 장중하다. 화계 위에 전축했는데 아래위로 반반 전을 밀착시켜 쌓고 중심에는 화장줄눈을 넣었다. 굴뚝 위가 몸체보다 밖으로 나오게 처마를 쌓아 윗면이 훨씬 넓게 하고 그 위를 기와로 이었다. 다시 그 위에 연가(煙家) 여섯 개를 병립시켰으며 몸체 남면 중앙에 '壽'자 무늬를 놓았다.

창덕궁 대조전 굴뚝은 몸체가 정방형이 되도록 쌓았다. 또 경복궁 아미산의 교태전 굴뚝은 육각으로 쌓았다. 이 굴뚝은 가장 화려한 굴뚝의 하나이며 이와 견줄 만한 화려한 굴뚝이 경복궁에 하나 더 있다. 자경전 뒷담의 굴뚝이 그것인데, 이 굴뚝에는 십장생무늬가 화려하게 묘사되어 있다.

이런 전축 굴뚝에서는 지붕을 매우 중요하게 여겼고 그런만큼 퍽 정성을 들였다. 지붕을 이으려면 먼저 처마를 구성해야 한다. 이런 점에서 주목할 만한 전축 굴뚝은 경복궁, 창덕궁, 창경궁, 덕수궁에도 있다. 그 중 지붕에 기와를 잇고 연가를 올린 것만 추려도 상당히 많은 수에 이른다.

처마는 몸체보다 돌출하게 된다. 일반 건축물의 평방 위에 공포를 구성하면 밖으로 돌출하게 되는 그런 구조를 닮은 것이다.

몸체와 처마의 경계는 색이 다른 전돌로 확연하게 구획을 짓기도 한다. 몸체가 회흑색일 때는 붉은색 전을 써서 구분짓는 방식을 따른다.

대조전 뒤쪽 화계의 굴뚝이 그런 예이다. 덕수궁 함녕전 뒤꼍 화계의 굴뚝도 회흑색 전돌로 몸체를 쌓고 제일 윗줄은 붉은색 벽돌을 한 줄 쌓아 경계를 삼고 그 선에 흰색 화장줄눈을 둘러 마치 단청의 고분(高粉)하듯이 계화(堺畵)하여 경계를 뚜렷이 한다. 처마는 그 위로부터 돌출하기 시작하여 다시 짙은 회색 전돌을 사용한다.

그 중에서도 덕수궁 함녕전 뒤뜰 처마 구성은 미묘하다. 첫 단은 반반전을 약간 돌출시켜 평범하게 한 줄 두르고 둘째 단은 전의 몸체를 둥글게 굴려 아래위 쪽을 죽이고 배가 둥글게 나오게 해서 둘렀다. 세번째 단도 역시 둥글게 굴려서 부드러운 선이 겹치게 하되 둘째 단보다 밖으로 돌출시켰다. 그래서 위로 올라갈수록 돌출이 심해지는 역삼각형의 구성이 이루어진다.

네번째 단은 오히려 안쪽으로 들어가게 쌓아서 탑의 기단과 갑석 사이의 부연처럼 생겼다. 네째 단의 끝에 맞추어 다섯째 단을 놓았다. 보통의 반반전 한 켜를 두른 평범한 모양이다. 다섯째 단 위로 일정한 간격을 유지하면서 소로를 배열하였는데 앞면과 뒷면(넓은쪽)은 귀소로까지 열두 개이고 측면(좁은쪽)은 귀소로까지 합해서 여덟 개가 놓여 있다. 소로는 붉은색 전돌을 다듬고 갈아서 굽까지 만들어 끼우고 소로 사이의 간격에는 흰색 삼화토를 발라 막았다.

대조전 뒤꼍 화계의 굴뚝은 처마의 돌출부와 소로를 붉은색으로 구성했고 소로 사이의 간격은 짙은 회색 전돌을 갈아서 끼워넣었다. 소로 위로 장혀처럼 반반전 한 켜를 얹었는데 네 귀퉁이에서 왕찌(열십자로 짜는 공법)로 반턱이음해서 짰다. 그 부분을 받은 귀소로는 보통의 소로보다 큼직하게 만들어 마치 목조 건물에서 대접소로를 만들듯이 하였다.

구조에 충실하게 하기 위한 격식을 완벽하게 구사했음을 알 수 있으며 그 위는 둥근 것으로 둘렀는데 도리의 모양을 본뜬 것이라고 할 수 있다. 다시 그 위에는 서까래처럼 생긴 것을 ㄱ자 모양으로 설치했는데 소로와 마찬가지로 일정한 간격을 유지하고 있다. 앞뒷면에는 귀에 45도 각도로 설치한 것까지 열두 개이고 측면은 모두 합해서 아홉 개이다. 이들 간격에는 네모난 붉은색 전돌로 막아 정리하였다.

서까래 위로 또 한 켜의 전돌이 있다. 목조 건물에서 서까래 끝에 평고대 얹은 것과 같은 구조이다. 그 위에 다시 연함을 설치하고 바닥기와를 받게 하여 기와를 잇고 용마루를 구성한 위에 연가를 한 줄에 셋씩 두 줄로 배치하였다.

이런 처마와 지붕의 구성법은 전축문에서도 볼 수 있다. 경복궁 자경전 동쪽의 전축문이 그러하다. 이 문은 현재 기와 지붕이 벗겨지고 없으므로 그 부분을 제외시키면 처마 구성법이 여실히 드러난다. 소로 위로 장혀와 도리를 얹고 네 귀퉁이에 왕찌를 짠 것은 굴뚝에서와 다를 바가 없다.

도리 위로 서까래를 걸었는데 굴뚝의 서까래보다 운두가 낮으며 투박하고 강인하게 만들었다. 여기의 서까래는 네모진 각(角)이어서 둥근 연목(椽木)과는 다른 모습이다. 서까래 끝에 초맥이 평고대를 설치하고 다시 그 위에 부연을 걸었다. 부연은 각보다 가늘면서 앞쪽의 부리를 뾰족하게 하였다. 날렵하게 보이도록 하려는 의도일 것이다. 부연 위에 이맥이 평고대하여 겹처마가 구성되었다.

이 구성에서 주목할 만한 것이 45도 각도로 설치된 추녀와 사래를 한꺼번에 만들어 꽂은 점이다. 앞 부리를 훨씬 치켜올린 이 구조는 목조 건물의 모방이며 추녀 끝에 게눈박이까지 해놓았다.

이맥이 위로 다시 한 켜를 얹어 역시 돌출시켰고 그 위에 다시 한 켜를 더 얹었는데 반반전이 아니라 평면이 넓은 개전(蓋塼)을 사용하였다. 개전을 얹은 것은 기와를 잇지 않아도 충분하다는 뜻이 된다.

합각의 치장

합각이란 기와 지붕(팔작지붕이든 맞배지붕이든) 위쪽의 양옆이 박공으로 처리되어 'ㅅ'모양을 이루고 있는 부분을 가리키는 말이며, 정확하게는 합각머리를 여러 가지로 치장한다는 뜻이다.

집 주인이 직접 작업을 하지는 않겠지만 주인의 생각이 가득 들어 있는 듯이 느껴지는 부분이 이 합각의 치장이다. 선비집의 합각은 소박하고 부잣집은 화려하며 궁실이나 관아의 합각은 장중하게 치장된다고 평가한다. 관이나 궁실의 합각은 전돌로 장식하는 것이 일반적인 데 비해 살림집이나 사찰의 부속 건물에서는 기와나 기와 파편을 이용하여 무늬를 구성해서 장식한다.

기와로 장식한 합각

곡재(曲材)로 박공을 꾸미되 솟을합장하듯 하고 삼각상의 합각에 벽을 친다. 흙 한 켜 놓고, 쓸 만한 기와를 골라 길게 잇대어 한 켜를 직선으로 늘어 놓는다. 다시 흙을 바르고, 기와를 얹고, 이렇게 거듭해서 벽체를 완성한다.

흰 회를 발라 분벽(粉壁)하면 기와의 직선이 중첩하는 무늬가 된다. 이처럼 암·수키와의 곡선을 이용하여 무늬를 놓은 예를 일반 살림집에서 흔히 볼 수 있는데 주인의 안목과 시공자의 능

력에 따라 다양하고 복잡한 무늬로 장식하게도 한다. 또 더러 전돌을 구해서 기와를 곁들여 더욱 운치 있게 치장하기도 한다.

반반전을 쓰면 기와의 선보다 굵고 강직해 보인다. 이런 선과 기와의 얄팍한 직선과 곡선이 조화를 이루어 기와만으로 장식한 것과는 또 다른 맛을 느끼게 한다.

전돌로 장식한 합각

전돌과 무늬판을 만들어 자유자재로 사용할 수 있었던 것은 궁실 건축물(각 지방에 있는 왕실 소유 건물도 포함)이었다. 고려시대 이전처럼 전이 보편적으로 사용되던 때와는 사정이 매우 달라서 조선조 때는 전의 사용이 매우 국한되어 있었기 때문이다.

궁실 건축물의 지붕은 창고나 문을 제외하고는 거의 팔작지붕이어서 궁 안에는 크고 작은 합각이 수두룩하였다. 이들 합각의 크기에 알맞게 전돌로 격조 높은 무늬를 치장하였다.

회흑색, 붉은색, 흰색이 전돌과 형상의 무늬판 그리고 직선과 점선 등을 잘 조화시켰다. 삼화토를 단순히 전돌 쌓는 재료로만 사용했다고는 생각되지 않는다. 이런 무늬를 구성하는 데도 중요한 역할을 했다고 보아야겠다. 이 합각이 이루는 이등변삼각형에 동심원, 태평화, 무시무종을 상징하는 완자무늬 등을 놓기도 하고, 직선만으로 '壽'자 무늬를 놓기도 했다. 원형과 팔각과 방형의 이치가 한데 어우러진 무늬도 있다.

합각은 역시 이등변삼각형이므로 삼각형의 꼭지점에 태양을 감싸고 있듯이 구름이 배치되고, 그 구름을 받치듯 유운(流雲)이 있다. 무늬 중에 팔각무늬와 ㄷㄹ형의 꺾이는 점이 여덟 개인 것은 팔달(八達)을 상징한다. 태평세월(태평화)이 팔방에 미쳐 무궁하니 천상이 축복(구름)하듯이 세상의 이치가 순리에 따라 순환한다는 깊은 뜻이 담겨 있다.

꽃담의 현대화

현대 건축물의 안팎을 아름다운 도예품으로 장식할 때, 고전적인 무늬를 바탕으로 한 개성 있고 다양한 구도를 생각할 수 있다. 그렇게 함으로써 새로운 감각의 환경도예를 창출할 수도 있을 것이며 서구 일변도의 풍조에서 벗어나 우리의 것을 찾는 계기도 될 것이다.

무늬의 전개를 위한 시도

경복궁 자경전 서쪽 샛담 동서 양면 벽에는 각각 무늬가 있다. 동쪽 벽면보다는 서쪽 벽면의 무늬가 더 아름답고 형태도 다양하다. 직선무늬로 구획한 내구(內區)에는 화훼(花卉)와 곤충무늬를 새긴 것이 있다. 이러한 고전적인 아름다움을 바탕으로 현대적인 새로운 미의 창출을 시도해 보는 것도 의미 있는 일이다.

직선과 형상의 구도

삼국시대의 조형물에는 곡선을 위주로 한 것이 많다. 그것은 우리나라 어디에서나 볼 수 있는 산이 모두 둥그스름하고 그 산자락에는 역시 둥글둥글한 초가집들이 있어서 부지불식간에 느꼈던 뒷산의 모습, 그리고 지붕의 선들이 잠재되어 있기 때문이라고 생각된다. 이러한 미의식이 그런 조형물을 낳은 것이다.

편안한 마음으로 그은 여러 가닥의 선들이 멈춘 곳에 면도 생겨났다. 자연스럽게 이루어진 면에 둥글둥글한 원이 자리를 잡는다. 부드러운 곡선과 원이 어우러진 원만한 표현이 시도되었다.

또 직선과 곡선의 어울림도 미묘한 조화를 이룬다. 곡선은 자유롭다. 반면에 직선은 엄격함을 내포한다. 이 두 선은 특성이 다르면서도 서로 조화를 이룬다. 불규칙한 곡선을 긋고 의도적으로

직선과 형상의 구도

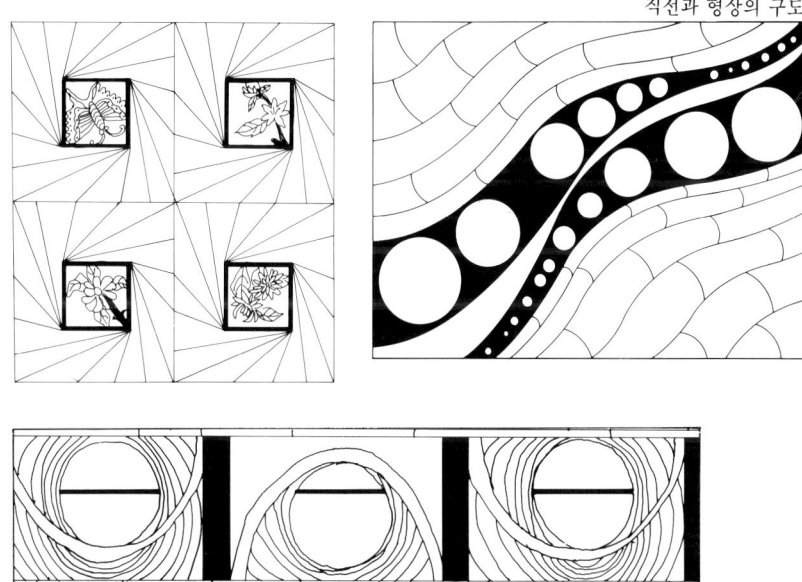

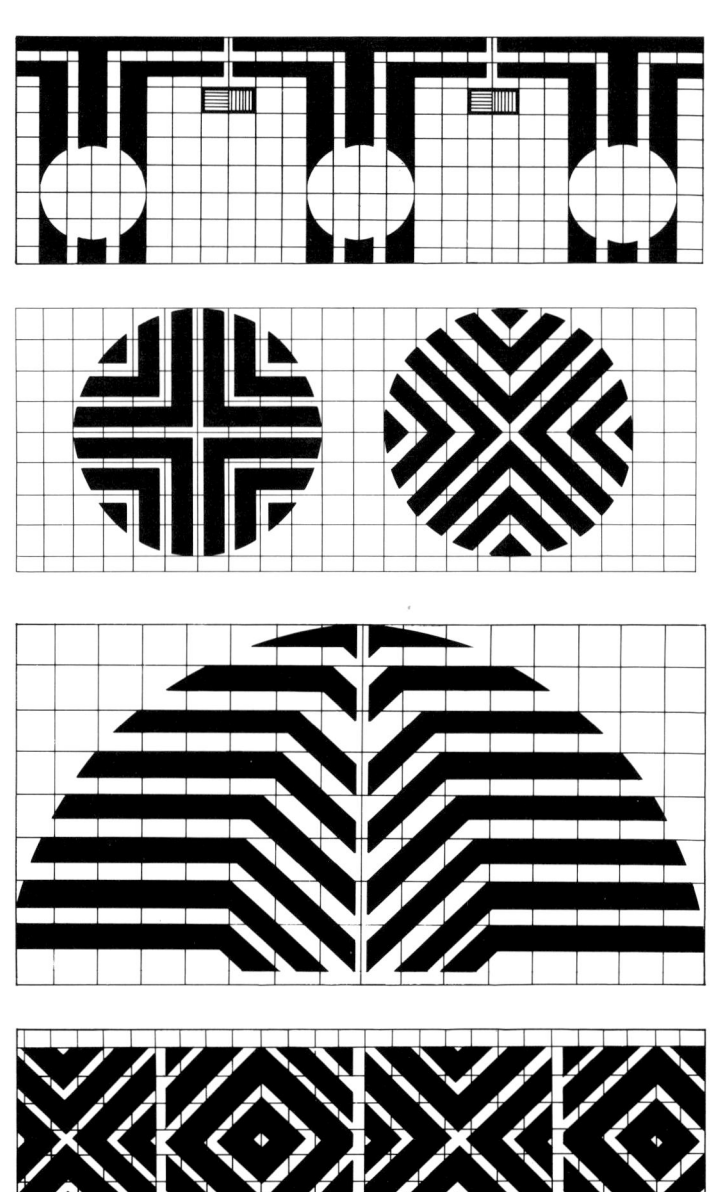

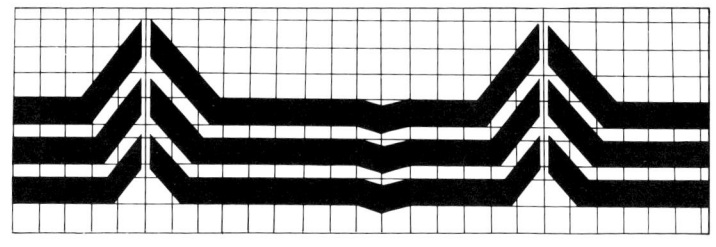

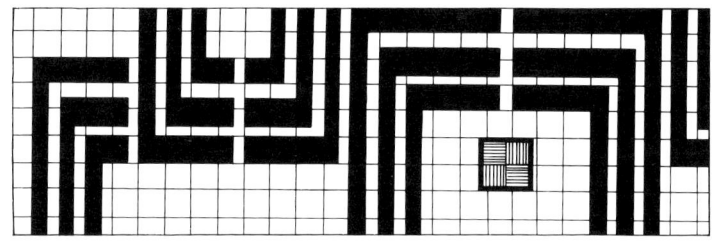

중심부를 남겨 원을 이루게 하고 직선을 그어 곡선과 직선을 연계시킨 전체 흐름을 주도한다. 그래서 원에 의미가 부여된다. 그 의미에는 감은 눈의 상징도 포함된다. 눈을 뜨면(원 안의 직선이 열리면) 다시 둥글어지면서 새로운 구도를 만들게 될 것이다.

　다시 바둑판과 같은 모눈을 무수히 그어 본다. 그 위에 직선으로 이루어진 강직한 사각을 두고 직선 사이에 원을 두니 모든 것을 수용할 수 있는 원만함과 여유를 지닌다. 사각의 경직성을 원의 부드러움이 완화시켜 주는 것이다.

　전기의 음극과 양극은 서로 상반되는 특성을 지녔으면서도 이들은 서로의 만남으로 새로운 조화를 이룬다. 사각과 원의 구성도 이 상반되는 두 극이 낳는 조화의 신비를 뜻한다.

　그 밖에도 직선은 본질적으로 다 같지만 수직, 수평, 상하좌우로 그으면 시각적으로 다른 효과를 낸다. 이는 환경도예에서는 물론 떡살무늬 등 여러 공예품에도 나타난다. 또 선의 굵기, 장단에 따라서도 다양한 변화가 생긴다.

이런 직선이 이루는 면에 따라서 시각적인 효과가 매우 판이해지기도 한다. 이런 직선과 곡선 내지 원의 미묘한 조화도 꽃담에서 볼 수 있는 구성이다. 따라서 전통적인 기본 구성을 바탕으로 얼마든지 현대적인 무늬를 도출해 낼 수 있다.

현대적 의의

한옥의 꽃담이 삼국시대 이래로 수준 높게 형성되어 왔다는 사실은 오늘을 사는 우리도 훌륭한 작품을 만들 수 있다는 전제가 된다. 지난날 조상들이 이룩한 작품을 자랑만 할 것이 아니라 그런 기법과 사상을 어떻게 현대와 접목시켜 계승 발전시키느냐 하는 데에 초점을 맞추어야 할 것이다.

현대인들은 생활 주변을 꾸미는 도토품(陶土品)을 포함한 미술 행위를 포괄적으로 환경도예라고 말한다. 아직은 좀 생소한 개념의 단어지만, 이런 유형 자체는 앞에서 살펴본 바와 같이 삼국시대 이래로 우리와는 매우 친숙한 미술 행위였다.

오늘날 현대화의 물결 속에서 하루가 다르게 치솟아오르는 고층 건물로 도시 공간이 삭막해진다고들 말한다. 그런 삭막함을 덜어보려는 노력이 서서히 눈에 띄게 되었다. 양식 있는 건축주나 건축가들은 격조 높은 건축의 조성에 크게 고심하고 있다. 환경도예는 이런 고심의 결과로 상당한 발전 단계에 이르고 있다.

서구인들은 환경도예를 'Environmental Ceramics'라고 한다. 환경의 환(環)은 주변이란 의미를 함축하고 있으며, 경(境)은 주변을 조성하는 바탕이다. 따라서 환경은 주변의 온갖 사상(事象)을 일컫는 말이다.

환경은 상대적인 말이다. 중심인 '나'라는 개체가 있을 때 상대적인 환경이 성립된다. 내가 없을 때 환경도 성립되지 않는다. 따라서 내 환경인 주변의 삼라만상은 곧 자연이다. 이 자연은 변화한다. 주기적인 변화도 있고, 돌발적인 변화도 있다. 삶을 영위하는 인간은 이 자연의 변화에 대처해야 한다. 곧 인간에게 유리하도록 환경을 조성하고 그 유리한 조건이 영속되기를 바랐고 또 그렇게 노력하였다.

인지가 발달하고 문명이 발전하면서 이 보장의 방안을 위해 더 적극적으로 노력하게 되었고, 따라서 불리한 것은 유리하도록 보완하려고 했다. 이것이 곧 환경의 조성이다. 이렇듯 환경의 조성에는 지혜와 경험이 용해되어 있다. 삼라만상의 조화를 경험하면서 불가사의한 것은 신의 조화로 여겼고 그 신의 섭리에 순응하는 슬기도 깨닫게 되었다. 이러한 환경 조성의 지혜는 인간들의 문화 의식이 다르기 때문에 나라마다, 지역마다 그리고 시대에 따라 매우 복잡하고 다양하다. 우리나라에서는 앞에서도 말했듯이 대자연과 동화되어 산다는 생각이 뿌리 깊었기 때문에 환경 조성을 위한 기법 역시 자연을 숭앙하고 순응하려는 심오한 철학이 깃들어 있었다. 이러한 형이상학적인 환경의 개념이 꽃담에 표현되어 무늬에 잘 드러나 있다.

따라서 서구의 환경도예와 같은 순수 미학적인 측면에서만 조성된 환경도자와는 그 차원을 달리한다고 하겠다. 현대 건축물이 거의 서구식인 데다, 우리나라 건축의 전통이 한때 단절되다시피 했다. 그러나 최근에 와서는 전통을 계승하고 현대와 접목시키려는 시도가 서서히 이루어지고 있듯이 환경도예 역시 전통을 바탕으로 한 현대적 환경도예가 자리잡아야 하리라고 본다.

학자에 따라서는 환경도예를 건축도자로 포괄하는 경우도 있다. 건축도자는 현대 건축에서 필수적이다. 그런만큼 그 종류도 다양하고 수요도 엄청나다. 이런 건축도자가 고급품일수록 수입품이거나 모작한 것이라는 데 문제가 있다고 본다. 하루빨리 우리의 독자적인 건축도자가 현대적으로 개발되어서 삼국시대 이래로 찬연한 환경도예품을 이룩해 왔던 우리의 긍지를 되찾고 점점 좁아져가는 지구촌에서 우리의 것이 빛을 보게 되도록, 특히 도예분야에서 공부하는 이들의 노력이 있어야겠다.

용어해설

거푸집　본래 도배를 하거나 배접을 할 때 잘 붙지 않고 들 뜬 틈을 이르는 말이다. 그런 뜻에서, 부어서 만드는 물건의 틀 (鑄型)을 이르는 말이다. 여기서는 토담을 쌓기 위해 짠 판자틀을 말한다.

건축도자(建築陶瓷)　건축용 도자(陶瓷)를 말한다. 현대 건 축에서 가장 대표되는 건축도자는 타일류이다. 고층 건물, 지하철 역 등에 모자이크 건축도자가 많이 쓰이고 있다.

게눈박이　지붕에서 박공널이나 추녀 끝에 장식으로 소용돌 이 무늬를 새긴 것.

계화(堺畫)　기화라고도 한다. 단청할 때에 채색을 다하고 맨 나중에 이 빛과 저 빛이 구별되도록 먹줄을 긋는 것.

고분(高粉)　단청할 때 화면이 두드러져 보이도록 그리는 일.

곡담(曲墻)　곡장, 능이나 원(園) 뒤에 나지막하게 둥글려 쌓은 담.

공포(貢包)　처마 끝의 무게를 기둥에 전달하는 부재로 주두, 소로, 첨차, 제공, 한대, 살미 등을 조합하여 짜 맞춘 것이다. 두공 (枓栱), 포작(包作)이라고도 한다.

굴림백토　진흙만으로 벽을 바르면 마른 다음에 갈라지므로 그것을 막기 위해 백토를 섞어서 잘 갠 것. 이것으로 사벽(砂壁) 을 바른다.

녹유(綠釉)　초벌구이한 도자기에 바르는 잿물의 일종. 구워 냈을 때 도자기의 색이 청록색을 띠므로 녹유라고 한다.

도리　서까래를 걸려고 기둥과 기둥 위에 가로놓은 나무.

도예조소(陶藝彫塑)　도자로 만들어 낸 조각품.

도토(陶土) 도자기의 재료로 쓰이는 진흙의 총칭.

맞배지붕 가장 간단한 지붕 형식으로 지붕 면이 ∧자 모양을 이루게 지은 기와 지붕.

박공 팔작지붕 및 맞배지붕의 용마루 아래 좌우에 ∧자 모양으로 설치하는 널빤지.

부연(浮椽) 지붕에서 기다란 서까래의 끝에 덧얹는 네모진 짧은 서까래. 이것을 얹는 이유는 지붕의 처마선이 위로 추켜져 모양이 나게 하기 위해서이다.

사고석(四塊石) 벽체, 맞담을 쌓을 때 쓰는 네모지게 다듬은 돌. 사괴석이라고도 한다.

사래(蛇羅) 추녀 끝에 잇댄 것으로 부연이 여기에 의지하게 된다.

사벽질 보드라운 모래와 진흙을 섞어서 벽에 덧바르는 일. 이런 벽을 사벽(砂壁)이라 한다.

삼화토(三華土) 강회, 석비레, 모래를 1:1:1 비율로 섞어 만든 흙.

소로(小累) 공포를 구성하는 요소로서 주두처럼 만든 작은 부재를 말함.

솟을합장 종도리를 받친 대공 좌우에 '∧'모양으로 합장시킨 부재.

여장(女墻) 문루 둘레에 낮게 쌓은 담으로, 몸을 숨기고 적을 치는 곳이다. '성가퀴'의 일종이 된다.

연가(煙家) 점토로 만든 집 모양의 작은 토기. 이것을 굴뚝 꼭대기에 놓아 연기가 역류하지 않게 한다.

연귀 ㄱ자로 꺾인 부분을 잇는 기법의 한 가지.

암문(暗門) 성곽의 깊숙하고 후미진 곳에 적이 알지 못하게 사람이나 가축이 드나들고, 양식 등을 나르기 위해 낸 문.

연함(椽檻) 평고대 위에 설치하여 바닥기와가 이 위에 얹어지도록 만든 반달 모양으로 총총하게 엔 길다란 나무.

옹성(甕城) 큰 성의 성문을 보호하고 성을 든든히 지키기위하여 성문 밖에 원형이나 방형으로 덧붙여 쌓은 작은 성.

이맥이 서까래 끝에 가로로 길게 얹힌 나무를 평고대라 하는데, 서까래 위의 것은 초맥이, 부연 위에 설치된 것은 이맥이라고 한다.

장혀(長舌) 도리 밑에서 받쳐 주고 있는 부재.

점정(點睛) 사람이나 짐승을 그릴 때 맨 나중에 눈동자를 찍는 것을 이르는 말이며, 여기서는 눈을 찍듯이 무늬를 놓는 것을 말한다.

진사채(辰砂彩) 자기(磁器)를 구울 때 광석 물감을 써서 붉은색이 드러나도록 하는 채색.

태토(胎土) 도자기에서 유약 밑의 몸체를 이루고 있는 흙.

철선궁(鐵線弓) 점토를 잘라 내는 데 쓰는 가는 철사.

철엽(鐵葉) 한옥의 대문짝에 붙여 박는 쇠장석의 일종.

팔작지붕 지붕을 사방으로 경사지게 짓되, 양옆에는 합각부가 생기고 그 처마선이 들추켜지게 짓는 지붕 양식. 가구(架構)는 복잡하나 외관상 위용이 있어 궁궐 건축이나 사찰 건축에서 중심이 되는 건물에 주로 사용한다.

하방(下枋) 벽면의 양 기둥 사이 제일 아래쪽을 가로지른 수장.

합각(合閣) 팔작지붕에서 좌우로 박공이 생기는 부분. 보통 삼각형으로 완성된다.

홍예문(虹霓門) 문 얼굴의 윗머리를 반원형으로 만들어 무지개 모양이 되도록 한 문.

화계(花階) 후원에 돌로 석축을 쌓되 3단을 수직으로 쌓지 않고 각 층 사이에 간격을 두면서 퇴물려 쌓는 것. 그 사이에 자잘한 나무나 화초, 괴석, 분재를 두어 장식한다.

빛깔있는 책들 102-2

꽃 담

초판 1쇄 발행 | 1989년 5월 15일
초판 8쇄 발행 | 2003년 9월 30일
재판 1쇄 발행 | 2013년 1월 20일

글 · 사진 | 조정현
발행인 | 김남석

편 집 이 사 | 김성옥
편집디자인 | 임세희
전　　　무 | 정만성
영 업 부 장 | 이현석

발행처 | (주)대원사
주　　소 | 135-230 서울시 강남구 일원동 642-11 대도빌딩 302호
전　　화 | (02)757-6717~6719
팩시밀리 | (02)775-8043
등록번호 | 등록 제3-191호
홈페이지 | www.daewonsa.co.kr

값 8,500원

ISBN 978-89-369-0021-2

빛깔있는 책들

민속(분류번호:101)

1 짚문화	2 유기	3 소반	4 민속놀이(개정판)	5 전통 매듭
6 전통 자수	7 복식	8 팔도 굿	9 제주 성읍 마을	10 조상 제례
11 한국의 배	12 한국의 춤	13 전통 부채	14 우리 옛 악기	15 솟대
16 전통 상례	17 농기구	18 옛 다리	19 장승과 벅수	106 옹기
111 풀문화	112 한국의 무속	120 탈춤	121 동신당	129 안동 하회 마을
140 풍수지리	149 탈	158 서낭당	159 전통 목가구	165 전통 문양
169 옛 안경과 안경집	187 종이 공예 문화	195 한국의 부엌	201 전통 옷감	209 한국의 화폐
210 한국의 풍어제	270 한국의 벽사부적			

고미술(분류번호:102)

20 한옥의 조형	21 꽃담	22 문방사우	23 고인쇄	24 수원 화성
25 한국의 정자	26 벼루	27 조선 기와	28 안압지	29 한국의 옛 조경
30 전각	31 분청사기	32 창덕궁	33 장석과 자물쇠	34 종묘와 사직
35 비원	36 옛책	37 고분	38 서양 고지도와 한국	39 단청
102 창경궁	103 한국의 누	104 조선 백자	107 한국의 궁궐	108 덕수궁
109 한국의 성곽	113 한국의 서원	116 토우	122 옛기와	125 고분 유물
136 석등	147 민화	152 북한산성	164 풍속화(하나)	167 궁중 유물(하나)
168 궁중 유물(둘)	176 전통 과학 건축	177 풍속화(둘)	198 옛 궁궐 그림	200 고려 청자
216 산신도	219 경복궁	222 서원 건축	225 한국의 암각화	226 우리 옛 도자기
227 옛 전돌	229 우리 옛 질그릇	232 소쇄원	235 한국의 향교	239 청동기 문화
243 한국의 황제	245 한국의 읍성	248 전통 장신구	250 전통 남자 장신구	258 별전
259 나전공예				

불교 문화(분류번호:103)

40 불상	41 사원 건축	42 범종	43 석불	44 옛절터
45 경주 남산(하나)	46 경주 남산(둘)	47 석탑	48 사리구	49 요사채
50 불화	51 괘불	52 신장상	53 보살상	54 사경
55 불교 목공예	56 부도	57 불화 그리기	58 고승 진영	59 미륵불
101 마애불	110 통도사	117 영산재	119 지옥도	123 산사의 하루
124 반가사유상	127 불국사	132 금동불	135 만다라	145 해인사
150 송광사	154 범어사	155 대흥사	156 법주사	157 운주사
171 부석사	178 철불	180 불교 의식구	220 전탑	221 마곡사
230 갑사와 동학사	236 선암사	237 금산사	240 수덕사	241 화엄사
244 다비와 사리	249 선운사	255 한국의 가사	272 청평사	

음식 일반(분류번호:201)

60 전통 음식	61 팔도 음식	62 떡과 과자	63 겨울 음식	64 봄가을 음식
65 여름 음식	66 명절 음식	166 궁중음식과 서울음식		207 통과 의례 음식
214 제주도 음식	215 김치	253 장醬	273 밑반찬	

건강 식품(분류번호:202)

105 민간 요법　　　181 전통 건강 음료

즐거운 생활(분류번호:203)

67 다도　　　　　　68 서예　　　　　　69 도예　　　　　　70 동양란 가꾸기　　71 분재
72 수석　　　　　　73 칵테일　　　　　74 인테리어 디자인　75 낚시　　　　　　76 봄가을 한복
77 겨울 한복　　　　78 여름 한복　　　　79 집 꾸미기　　　　80 방과 부엌 꾸미기　81 거실 꾸미기
82 색지 공예　　　　83 신비의 우주　　　84 실내 원예　　　　85 오디오　　　　　114 관상학
115 수상학　　　　　134 애견 기르기　　　138 한국 춘란 가꾸기　139 사진 입문　　　172 현대 무용 감상법
179 오페라 감상법　　192 연극 감상법　　　193 발레 감상법　　　205 쪽물들이기　　　211 뮤지컬 감상법
213 풍경 사진 입문　　223 서양 고전음악 감상법　　　　　　251 와인　　　　　　254 전통주
269 커피　　　　　　274 보석과 주얼리

건강 생활(분류번호:204)

86 요가　　　　　　87 볼링　　　　　　88 골프　　　　　　89 생활 체조　　　　90 5분 체조
91 기공　　　　　　92 태극권　　　　　133 단전 호흡　　　　162 택견　　　　　　199 태권도
247 씨름

한국의 자연(분류번호:301)

93 집에서 기르는 야생화　　　　94 약이 되는 야생초　95 약용 식물　　　　96 한국의 동굴
97 한국의 텃새　　　98 한국의 철새　　　99 한강　　　　　　100 한국의 곤충　　　118 고산 식물
126 한국의 호수　　　128 민물고기　　　　137 야생 동물　　　　141 북한산　　　　　142 지리산
143 한라산　　　　　144 설악산　　　　　151 한국의 토종개　　153 강화도　　　　　173 속리산
174 울릉도　　　　　175 소나무　　　　　182 독도　　　　　　183 오대산　　　　　184 한국의 자생란
186 계룡산　　　　　188 쉽게 구할 수 있는 염료 식물　　　189 한국의 외래·귀화 식물
190 백두산　　　　　197 화석　　　　　　202 월출산　　　　　203 해양 생물　　　　206 한국의 버섯
208 한국의 약수　　　212 주왕산　　　　　217 홍도와 흑산도　　218 한국의 갯벌　　　224 한국의 나비
233 동강　　　　　　234 대나무　　　　　238 한국의 샘물　　　246 백두고원　　　　256 거문도와 백도
257 거제도

미술 일반(분류번호:401)

130 한국화 감상법　　131 서양화 감상법　　146 문자도　　　　　148 추상화 감상법　　160 중국화 감상법
161 행위 예술 감상법　163 민화 그리기　　　170 설치 미술 감상법　185 판화 감상법
191 근대 수묵 채색화 감상법　　　　　　　　194 옛 그림 감상법　　196 근대 유화 감상법　204 무대 미술 감상법
228 서예 감상법　　　231 일본화 감상법　　242 사군자 감상법　　271 조각 감상법

역사(분류번호:501)

252 신문　　　　　　260 부여 장정마을　　261 연기 솔올마을　　262 태안 개미목마을　263 아산 외암마을
264 보령 원산도　　　265 당진 합덕마을　　266 금산 불이마을　　267 논산 병사마을　　268 홍성 독배마을
275 만화　　　　　　276 전주한옥마을